Leander Paries

Debt-Equity-Swap im Insolvenzplanverfahren

wrb

Fachhochschule Frankfurt am Main- University of Applied Sciences
Fachbereich 3: Wirtschaft und Recht – Faculty of Business and Law

Wirtschafts- und rechtswissenschaftliche Beiträge

Herausgegeben von
Prof. Dr. Susanne Koch,
Prof. Dr. Jörg Kupjetz,
Prof. Dr. Hilko J. Meyer,
Prof. Dr. Matthias Schabel.
Professoren am Fachbereich 3: Wirtschaft und Recht

In der Reihe "Wirtschafts- und rechtswissenschaftliche Beiträge" werden herausragende Diplom-, Bachelor- und Masterarbeiten aus dem Fachbereich 3: Wirtschaft und Recht der Fachhochschule Frankfurt am Main - University of Applied Sciences veröffentlicht. Die Herausgeber haben bei der Aufnahme in die Reihe sowohl die Aktualität der Arbeiten als auch deren Nutzen für die Praxis in den Vordergrund gestellt. Nicht zuletzt soll diese Reihe dem Leser auch einen Querschnitt durch die Lehr- und Forschungsinhalte und den Fokus des Fachbereiches 3: Wirtschaft und Recht aufzeigen.

Leander Paries

Regelungskonzept einer Umwandlung von Fremd- in Eigenkapital (Debt-Equity-Swap) im Insolvenzplanverfahren

srh

Berlin University of Applied Sciences

Ernst-Reuter-Platz 10 | 10587 Berlin
T +49 (0) 30 51 56 50 - 100
www.srh-berlin.de
Träger: SRH Hochschulen Berlin GmbH

Fachhochschule Frankfurt am Main –
University of Applied Sciences
Fachbereich 3: Wirtschaft und Recht
Faculty of Business and Law
Nibelungenplatz 1
60318 Frankfurt

ISBN 978-3-942555-01-2

www.fh-frankfurt.de/wrb

Geleitwort

Vor dem Hintergrund der zumindest in Teilen der Wirtschaft sich immer noch auswirkenden jüngsten Wirtschaftskrise ist das noch vor wenigen Jahren völlig unbeachtete Instrument des Debt-Equity-Swaps (DES) in den Blickwinkel sowohl der Wissenschaft als auch der Berater getreten. Nicht selten gehört dabei der DES in den Instrumentenkasten des Restrukturierungsberaters, der zur Rettung eines in wirtschaftliche Schieflage geratenen Unternehmens gerufen wird. So einfach und verlockend auf den ersten Blick das Konzept „Umwandlung von Verbindlichkeiten in Eigenkapital" für den erfolgreichen Turnaround klingt, so kompliziert stellt sich in vielen Einzelfällen dieses Instrument in Bezug auf praktische Umsetzungsprobleme dar.

Die vorliegende Arbeit, die im Wintersemester 2009/10 am Fachbereich 3: Wirtschaft und Recht der Fachhochschule Frankfurt am Main – University of Applied Sciences als Bachelorarbeit eingereicht worden ist, will Verständnis für den DES wecken, indem dem interessierten Leser zunächst ein Überblick über den typischen Ablauf eines DES gegeben wird. Die Arbeit bleibt dabei aber nicht stehen, sondern erweitert seinen Anwendungsbereich auf das in der täglichen Berater- und Unternehmenspraxis aus diversen Gründen oftmals verschmähte Insolvenzplanverfahren.

In didaktisch sehr gelungener Weise wird versucht, Regelungen des sich im Diskussionsstadium befindenden Gesetzes zur Reorganisation systemrelevanter Kreditinstitute (KredReorgG) auf Unternehmen außerhalb des Bankensektors zu transportieren und ein eigenes, branchenübergreifendes Regelungskonzept für einen DES im Insolvenzplanverfahren zu entwickeln.

Soweit ersichtlich, betritt der Autor mit seinem Beitrag in der Reihe „Wirtschafts- und rechswissenschaftliche Beiträge" Neuland, welches in letzter Konsequenz natürlich auch vom Gesetzgeber erschlossen und von der Praxis angenommen werden muss. Vor diesem Hintergrund wäre es zu wünschen, dass diese Arbeit einerseits dem Insolvenzplanverfahren einen höheren Stellenwert in Wissenschaft und Praxis verschafft und andererseits einen wertvollen Beitrag für zukünftige Gesetzesnovellen der Insolvenzordnung darstellt.

Frankfurt a.M. im November 2010

Prof. Dr. Jörg Kupjetz

Inhalt

Abkürzungsverzeichnis

a. A.	andere Ansicht
a. E.	am Ende
Abb.	Abbildung
Abs.	Absatz
AcP	Archiv für die civilistische Praxis
AG	Aktiengesellschaft/Die Aktiengesellschaft (Zeitschrift)
AG	Die Aktiengesellschaft (Zeitschrift)
AktG	Aktiengesetz
Anm.	Anmerkung
Art.	Artikel
Artt.	Artikel (Plural)
ARUG	Gesetz zur Umsetzung der Aktionärsrechterichtlinie
Aufl.	Auflage
BaFin	Bundesanstalt für Finanzdienstleistungsaufsicht
BB	Der Betriebs-Berater (Zeitschrift)
BC	Bankruptcy Code
Bd.	Band
Beschl. v.	Beschluss vom
BGH	Bundesgerichtshof
BGHZ	Entscheidungen des Bundesgerichtshof in Zivilsachen
Bilanz-HB	Bilanz-Handbuch
BMJ	Bundesministerium der Justiz
BT-Drucks.	Bundestagdrucksache
BVerfGE	Entscheidungen des Bundesverfassungsgerichts
bzw.	beziehungsweise
CDU	Christlich Demokratische Union Deutschlands
CSU	Christlich Soziale Union in Bayern e. V.
DB	Der Betrieb (Zeitschrift)
dies.	dieselben
ders.	derselbe
DES	Debt-Equity-Swap
DIHK	Deutscher Industrie- und Handelskammertag
DiskE	Diskussionsentwurf
DJT	Deutscher Juristentag
DNotZ	Deutsche Notar-Zeitschrift
DZWIR	Deutsche Zeitschrift für Wirtschafts- und Insolvenzrecht

ECFR	European Company and Financial Law Review
EuGH	Europäischer Gerichtshof
EWG	Europäische Wirtschaftsgemeinschaft
f.	folgende
FDP	Freie Demokratische Partei
ff.	fortfolgende
FK-InsO	Frankfurter Kommentar zur Insolvenzordnung
Fn.	Fußnote
FS	Festschrift
GbR	Gesellschaft bürgerlichen Rechts
GG	Grundgesetz
GmbH	Gesellschaft mit beschränkter Haftung
GmbHG	Gesetz betreffend die Gesellschaften mit beschränkter Haftung
GmbHR	GmbH-Rundschau (Zeitschrift)
Großkomm	Großkommentar
GWR	Gesellschafts- und Wirtschaftsrecht (Zeitschrift)
h. L.	herrschende Lehre
h. M.	herrschende Meinung
Hervorh. d. Verf	Hervorhebung des Verfassers
HGB	Handelsgesetzbuch
hrsg. v.	herausgegeben von
Hrsg.	Herausgeber
IfM	Institut für Mittelstandsforschung
insb.	insbesondere
InsO	Insolvenzordnung
InsO-E	Regierungsentwurf der Insolvenzordnung
JZ	JuristenZeitung (Zeitschrift)
KGaA	Kommanditgesellschaft auf Aktien
KPB	Kübler/Prütting/Bork
KredReorgG-E	Kreditinstitute-Reorganisationsgesetz
KTS	Zeitschrift für Insolvenzrecht (Konkurs, Treuhand, Sanierung)
KWG	Kreditwesengesetz
LS	Leitsatz
MdB	Mitglied des Bundestags
m. E.	meines Erachtens
m. w. N.	mit weiteren Nachweisen

MünchKomm	Münchener Kommentar
n. F.	neue Fassung
Nr.	Nummer
NZG	Neue Zeitschrift für Gesellschaftsrecht
NZI	Neue Zeitschrift für das Recht der Insolvenz und Sanierung
o. S.	ohne Seitenzählung
o. V.	ohne Verfasser
OLG	Oberlandesgericht
Rdnr.	Randnummer
RegE	Regierungsentwurf
RL	Richtlinie
S.	Seite/Satz
Slg.	Sammlung
sog.	sogenannt
Sonderbeil.	Sonderbeilage
u. a.	und andere
U.S.	United States
Urt. v.	Urteil vom
USA	United States of America
vgl.	vergleiche
WM	Zeitschrift für Wirtschafts- und Bankrecht (Wertpapiermitteilungen)
z. B.	zum Beispiel
z.	zu
ZGR	Zeitschrift für Unternehmens- und Gesellschaftsrecht
ZHR	Zeitschrift für das gesamte Handelsrecht und Wirtschaftsrecht
ZInsO	Zeitschrift für das gesamte Insolvenzrecht
ZIP	Zeitschrift für Wirtschaftsrecht
ZIP	Zeitschrift für Wirtschaftsrecht und Insolvenzpraxis
ZRP	Zeitschrift für Rechtpolitik

1 Einleitung

Noch zu Beginn der achtziger Jahre des vergangenen Jahrhunderts wurde die Umwandlung von Fremd- in Eigenkapital[1] zur Unternehmenssanierung vom renommierten Gesellschaftsrechtler *Karsten Schmidt* als „fragwürdig und für die Übernehmer gefährlich" bezeichnet.[2] Inzwischen wird von verschiedenen Seiten gefordert, die Durchführung eines DES im Insolvenzplanverfahren zu vereinfachen.[3] Auf diese Weise könnte das in Deutschland selten genutzte Insolvenzplanverfahren[4] an Attraktivität gewinnen und sich des Makels in der öffentlichen Wahrnehmung, die eine Insolvenz nach wie vor mit der Zerschlagung eines Unternehmens assoziiert[5], entledigen. Auf einen Reformbedarf deutet auch die zunehmende Abwanderung von sich in der Krise befindlichen Unternehmen in Insolvenzrechtsordnungen anderer Länder hin[6].[7] Der lauter werdende Ruf nach einer gesetzlichen Reform findet inzwischen seitens des deutschen Gesetzgebers Gehör. Neben dem noch unter der vorigen Bundesregierung veröffentlichten Entwurf eines Kreditinstitute-Reorganisationsgesetzes, das den Schwerpunkt dieser Arbeit bildet, wurde bereits im Koalitionsvertrag des derzeit regierenden Bündnisses aus CDU/CSU und FDP das Vorhaben einer Vereinfachung und stärkeren Sanierungsausrichtung der Insolvenzordnung aufgeführt.[8] Bundeswirtschaftsminister Rainer Brüderle kündigte für den Herbst 2010 einen Gesetzentwurf an, der die Entschuldung unter Aufsicht nach Vorbild des U.S.-Reorganisationsrechts vorsieht, wobei auch die Durchführung eines DES möglich sein soll.[9]

---

[1] Debt-Equity-Swap, kurz DES.

[2] *Schmidt*, ZGR 1982, 519, 522.

[3] *Amend*, ZIP 2009, 589, 595; *DIHK*, Positionspapier, S. 3 f.; *Ehlers*, ZInsO 2009, 320; *Eidenmüller*, ZIP 2007, 1729, 1736; *Eidenmüller/Engert*, ZIP 2009, 541 ff.; *Erster Bundeskongress „Sanierung nach Plan"*, ZInsO 2009, 656; *Westphal/Janjuah*, Sonderbeil. z. ZIP Heft 3/2008, 1, 13 ff.; vgl. *Amerikanische Handelskammer*, Chapter 11, S. 4; vgl. *BMJ*, Diskussionsentwurf KredReorgG, Begründung zu § 8, S. 41; vgl. *Dierig/Seidlitz*, Welt Online, 3. 2. 2010, o. S.; vgl. *Gebler*, Börsen-Zeitung Nr. 222, 18. 11. 2009, S. 2; vgl. *Maesch*, S. 275.

[4] Vgl. FK-InsO/*Jaffé*, Vor §§ 217 ff. Rdnr. 15.

[5] FK-InsO/*Jaffé*, Vor § 217 Rdnr. 17; *Rattunde*, ZIP 2003, 2103.

[6] Sog. „forum shopping", zum Begriff *Valender*, NZI 2007, 129.

[7] *Ehlers*, ZInsO 2009, 320, 323 f.; FK-InsO/*Jaffé*, Vor §§ 217 ff. Rdnr. 14; *Jaffé/Friedrich*, ZIP 2008, 1849, 1856; vgl. *Vallender*, NZI 2007, 129, 133.

[8] Koalitionsvertrag, S. 18.

[9] *Kolhoff*, Mainpost.de 25. 1. 2010, o. S.; *Metzger/Hennes*, Handelsblatt 4. 2. 2010, o. S.

1.1 Zielsetzung und Gang der Untersuchung

Die vorliegende Arbeit konzipiert eine Regelung, die die Durchführung eines DES im Insolvenzplanverfahren vereinfachen soll. Der Titel der Arbeit deutet bereits an, dass es nicht gilt, konkrete Änderungen oder Neuformulierungen des Wortlauts bestehender Normen zu erarbeiten. Dies soll Aufgabe der mit der Gesetzgebungslehre vertrauten legislativen Stellen bleiben. Vielmehr ist das Ziel, einen Entwurf einer Regelung de lege ferenda auszuarbeiten. Denkbare Regelungselemente werden dabei auf abstrakter Ebene diskutiert. Entsprechend der Relevanz des DES in der Insolvenzpraxis liegt das Augenmerk der Arbeit auf Kapitalgesellschaften in der Rechtsform der Aktiengesellschaft und der Gesellschaft mit beschränkter Haftung.[10] Die Vereinbarkeit mit deutschem Verfassungsrecht findet zwar mittelbar Berücksichtigung, eine explizite verfassungsmäßige Diskussion der schließlich entwickelten Regelung erfolgt aufgrund des begrenzten Rahmens der Arbeit jedoch nicht.

Im folgenden Abschnitt der Einleitung erfolgt vorab eine kurze Einführung über die Grundlagen eines DES und seine Vor- und Nachteile als Reorganisationsinstrument im Insolvenzplanverfahren. Den Ausgangspunkt der Untersuchung im Hauptteil bildet die Stellung des DES im Insolvenzplanverfahren nach derzeitiger Rechtslage (2. Abschnitt). Bestehende Problemfelder werden identifiziert, um im weiteren Verlauf der Arbeit die Zielrichtung für ein zu entwickelndes Regelungskonzept zu weisen. Parallel dient dieser Abschnitt dazu, gegebenenfalls bestehende Alternativen zu einer Gesetzesänderung aufzuzeigen. In den USA stellt das Reorganisationsverfahren nach Chapter 11 einen häufig beschrittenen Sanierungsweg dar. Dies ist nicht zuletzt durch die vergleichsweise einfache Durchführung eines DES bedingt.[11] Da sich die deutsche Gesetzgebung bei der Kodifizierung des Insolvenzplanverfahrens maßgeblich vom U.S.-Reorganisationsverfahren beeinflussen ließ[12], werden die für einen DES relevanten Regelungen des Chapter 11 beleuchtet (3. Abschnitt). Die Basis der Diskussion möglicher Regelungselemente in dieser Arbeit bildet der im August 2009 vorgestellte

---

[10] Auf diese Praxisrelevanz deutet bereits die prozentuale Verteilung der zwischen 2000 und 2005 eingereichten Insolvenzpläne hin: 34,5 % stammten von Gesellschaften in der Rechtsform der GmbH, AG und KGaA, und lediglich 10,6 % von Personengesellschaften, *Kranzusch*, IfM Präsentation, Folie 23.

[11] *Herweg*, Rdnr. 12 m. w. N.

[12] Regierungsentwurf InsO, BT-Drucks. 12/2443, S. 105.

Diskussionsentwurf für ein Kreditinstitute-Reorganisationsgesetz (4. Abschnitt). Dabei wird jeweils vorab der Inhalt der einzelnen für einen DES relevanten Vorschriften dargestellt. Anschließend erfolgt eine Betrachtung dahingehend, ob die Vorschrift geeignet ist, in eine entsprechende allgemeine Regelung im Insolvenzplanverfahren übertragen zu werden und welche Anpassungen dafür erforderlich sind.

1.2 Der DES als Reorganisationsinstrument im Insolvenzplanverfahren

Durch einen Sanierungsinsolvenzplan erfolgt die Sanierung des Unternehmensträgers[13], die als Reorganisation bezeichnet wird[14].[15] Ist im Insolvenzverfahren die optimale Gläubigerbefriedigung angestrebt, existiert in bestimmten Situationen keine Alternative zur Reorganisation im Insolvenzplanverfahren. Verfügt der Unternehmensträger über unverzichtbare Vertragsverhältnisse, Lizenzen, Urheberrechte, Konzessionen oder Mitgliedschaften, die nicht übertragen werden können oder deren Übertragung der Zustimmung Dritter bedarf, stellt die übertragende Sanierung keine Alternative dar.[16] Bestehende Verlustvorträge können darüber hinaus nicht im Rahmen einer übertragenden Sanierung erworben werden.[17]

Der DES ist eines der wichtigsten finanziellen Sanierungsinstrumente bei der Reorganisation von Unternehmensträgern[18] und kann auch im Insolvenzplanverfahren eine hervorgehobene Stellung zum Gelingen einer nachhaltigen Reorganisation einnehmen[19]. Im Rahmen eines DES kommt es zur Umwandlung von Fremd- in Eigenkapital. Der Gläubiger tauscht seine Forderungen[20] gegen Gesellschaftsanteile.[21] Aus bilanzieller Sicht erfolgt dabei

---

[13] *Rattunde*, ZIP 2003, 2103, 2106.

[14] Vgl. *Eidenmüller*, Unternehmenssanierung, S. 15.

[15] Den Oberbegriff für Rechtsträger- und Unternehmenssanierung bildet der untechnische Terminus „Sanierung", *Noack*, in: FS Zöllner, 1998, S. 411, 414 m. w. N. Im weiteren Verlauf der Arbeit wird für eine Rechtsträgersanierung deshalb der Begriff „Reorganisation" verwendet, es sei denn die zugrundeliegende Rechtsprechung verwendet den Begriff „Sanierung". Zur Gefahr der Begriffsvermengung in dieser Hinsicht *Kluth*, ZInsO 2002, 258, 259 ff.

[16] *Ehlers*, ZInsO 2009, 320, 322 f.; FK-InsO/*Jaffé*, Vor §§ 217 ff. Rdnr. 2; *Westphal/Janjuah*, Sonderbeil. z. ZIP Heft 3/2008, 1, 13; vgl. *Braun*, in: FS Fischer, 2008, S. 53, 63 ff.; vgl. *Schwalme*, DZWIR 2004, 230.

[17] *Ehlers*, ZInsO 2009, 320, 322 f.; *Müller*, S. 303.

[18] *Eidenmüller*, ZIP 2007, 1729, 1736; vgl. die Auflistung von DES-Praxisbeispielen bei *Wentzler*, Finanz-Betrieb 2009, 446, 448.

[19] Vgl. z. B. die Reorganisation der Senator AG, die im Wesentlichen im Wege eines im Insolvenzplanverfahren durchgeführten DES erfolgte, *Fritze*, DZWIR 2007, 89, 91.

[20] Möglich ist aber auch der „swap" von Gesellschafterdarlehen oder Mezzanine-Kapital, *Wentzler*, Finanz-Betrieb 2009, 446, 448.

ein reiner Passivtausch – ein Liquiditätszufluss findet nicht statt.[22] Allerdings werden durch die Reduzierung des bestehenden Fremdkapitals die erfolgsunabhängig zu entrichtenden Zins- und Tilgungszahlungen verringert, wodurch die Ertragslage der Gesellschaft verbessert wird.[23] Die Minderung des Fremdkapitals führt zu einem Freiwerden von Aktiva, so dass es neben einer Verbesserung der Eigenkapitalquote[24] zu einer Erhöhung des Reinvermögens der Gesellschaft kommt.[25] Die frei werdenden Aktiva können erneut als Sicherung zur Erlangung neuen Fremdkapitals dienen. Dies ist vor allem dann notwendig, wenn der Eröffnungsgrund (§ 16 InsO) in der Zahlungsunfähigkeit gem. § 17 InsO lag, da der DES alleine nicht zu einer unmittelbaren Verbesserung der Liquiditätslage führt.[26] Jedenfalls kann der gegebenenfalls bestehende Eröffnungsgrund der Überschuldung (§ 19 InsO) beseitigt werden[27], sofern der Wert des eingetauschten Fremdkapitals die Überschuldung übersteigt oder sich durch den DES eine positive Fortführungsprognose ergibt. Der neue Anteilseigner erhält Mitspracherechte in der Gesellschaft und kann damit die Reorganisation in seinem Sinn beeinflussen.[28] Attraktiv ist ein DES für Gläubiger auch deshalb, weil er bei erfolgreicher Reorganisation über den Wert seiner Forderungen hinaus am Erfolg der Gesellschaft beteiligt ist.[29]

Hinzu kommen die Vorteile, die eine Reorganisation im Insolvenzplanverfahren im Vergleich zur außergerichtlichen Reorganisation bietet. Eine Zwangsvollstreckung in das Vermögen der Schuldnergesellschaft ist ausgeschlossen (§ 89 InsO). Personalüberhänge können ohne Rücksicht auf gesetzliche oder tarifvertragliche Bestimmungen mit einer Frist von drei Monaten gekündigt werden (§ 113 S. 1 und 2 InsO). Ebenso ist die Kündigung von Miet- und Pachtverhältnissen, bei denen der Schuldner Mieter oder Pächter ist, mit einer Kündigungsfrist von drei Monaten möglich (§ 109 Abs.

---

[21] Insolvenzrechtshandbuch/*Drukarczyk/Kippes*, § 3 Rdnr. 68.

[22] Buth/Hermanns/*Knecht/Drescher*, § 20 Rdnr. 41.

[23] *Hass/Schreiber/Tschauner*, in: Handbuch Unternehmensrestrukturierung, S. 843.

[24] *Wentzler*, Finanz-Betrieb 2009, 446, 449.

[25] Großkomm AktG Bd. I/*Röhricht*, § 27 Rdnr. 80 a. E.

[26] *Redeker*, BB 2007, 673, 674.

[27] Buth/Hermanns/*Knecht/Drescher*, § 20 Rdnr. 41; *Lutter/Hommelhoff/Timm*, BB 1980, 737, 740; *Wentzler*, Finanz-Betrieb 2009, 446.

[28] *Hass/Schreiber/Tschauner*, in: Handbuch Unternehmensrestrukturierung, S. 843.

[29] Buth/Hermanns/*Knecht/Drescher*, § 20 Rdnr. 42.

1 S. 1 und 2 InsO).[30] Schließlich können die Vorschriften der Insolvenzanfechtung gem. §§ 129 ff. InsO dazu genutzt werden, Vermögensverschiebungen, die vor der Insolvenz zu Lasten der Gläubiger erfolgten, rückgängig zu machen.[31] Für eine Reorganisation innerhalb eines Insolvenzplanverfahrens sprechen außerdem die hohen, zunehmenden Kosten und erhöhten Haftungsrisiken einer außergerichtlichen Reorganisation.[32]

2 Der DES im Insolvenzplanverfahren de lege lata

Um ein Regelungskonzept entwickeln zu können, ist es zunächst notwendig, die Stellung des DES im Insolvenzplanverfahren[33] nach geltendem Recht zu betrachten und bestehende Problemfelder zu identifizieren. Aufgrund der gegenwärtig bestehenden „gesellschaftsrechtlichen Neutralität"[34] der Insolvenzordnung ist die folgende Betrachtung in einen gesellschafts- und einen insolvenzrechtlichen Teil gegliedert.

2.1 Gesellschaftsrechtliche Betrachtung

Ein großer Teil der Durchführung eines DES spielt sich – auch im Insolvenzplanverfahren – auf gesellschaftsrechtlicher Ebene ab. Eine direkte Umwandlung der Gläubigerforderungen in Gesellschaftsanteile ist gesetzlich nicht möglich.[35] Es bestehen vielmehr die drei im Folgenden beschriebenen Möglichkeiten, eine „Umwandlung" von Fremd- in Eigenkapital vorzunehmen.[36]

---

[30] Vgl. dazu das anschauliche Beispiel von *Braun*, in: FS Fischer, 2008, S. 53, 63 ff.

[31] Braun/*de Bra*, § 129 Rdnr. 1.

[32] *Smid/Rattunde*, Rdnr. 0.12a.

[33] Die überwiegende Ansicht geht von der Zulässigkeit eines DES im Insolvenzplanverfahren aus, *Fritze*, DZWIR 2007, 89, 83; vgl. *Eidenmüller*, ZIP 2007, 1729, 1736; vgl. *Eidenmüller/Engert*, ZIP 2009, 541, 542 f.; vgl. *Kestler/Striegel/Jesch*, NZI 2005, 417, 422; vgl. *Labbé/Rudolph*, Finanz-Betrieb 2008, 97 ff.; vgl. *Müller*, S. 179 ff., 188, 399 f.

[34] Vgl. *Kautz*, Die gesellschaftsrechtliche Neuordnung der GmbH im künftigen Insolvenzrecht, S. 31, der von „strenger gesellschaftsrechtlicher Enthaltsamkeit" des RegE der Insolvenzordnung spricht; vgl. *Müller*, S. 322.

[35] *Fritze*, DZWIR 2007, 89, 92.

[36] *Müller*, S. 401 ff.; *Noack*, in: FS Röhricht, 2005, S. 455, 457; vgl. *Westphal/Janjuah*, Sonderbeil. z. ZIP Heft 3/2008, 1, 13.

2.1.1 Übertragung bestehender Anteile gegen Forderungserlass

Bei den ersten beiden Möglichkeiten übertragen Alt-Anteilseigner oder die Gesellschaft[37] ihre Anteile auf den Gläubiger. Im Gegenzug erlässt dieser seine Forderungen.[38] Auf diese Weise entgehen umwandlungswillige Gesellschaftsgläubiger einer zeitaufwändigen Sacheinlage und der Gefahr der Differenzhaftung durch eine Falschbewertung der eingebrachten Forderungen.[39] Aufgrund der starken Verhandlungsstellung der Alt-Anteilseigner und der durch ein Insolvenzplanverfahren zum Zweck der Reorganisation zu erwartenden Aufwertung ihrer eigentlich wertlosen Gesellschaftsanteile, wird sich jedoch kaum ein Anteilseigner bereiterklären, seinen Anteil zum „wirtschaftlich richtigen" Preis zu verkaufen.[40] Ferner wird die Gesellschaft in den seltensten Fällen in ausreichender Anzahl Anteile an sich selbst halten.

2.1.2 Forderungseinbringung im Rahmen einer Kapitalerhöhung

Meist wird ein DES daher im Rahmen einer Kapitalerhöhung durchgeführt, indem die Forderungen der Gläubiger als Sacheinlage eingebracht werden und das Bezugsrecht der Alt-Anteilseigner – soweit rechtlich zulässig – ausgeschlossen ist.[41]

2.1.2.1 Kapitalherabsetzung

Zur (teilweisen) Beseitigung des in der Insolvenz regelmäßig bestehenden Unterbilanzstatus bzw. der rechnerischen Überschuldung wird zunächst eine nominelle Kapitalherabsetzung[42] durchgeführt.[43] Neben der Unterbilanzbeseitigung bewirkt dieser auch in der Insolvenz zulässige[44] Schritt eine notwendige Neuordnung der Beteiligungsverhältnisse: Es wird sichergestellt, dass der umwandlungswillige Gesellschaftsgläubiger einen Anteil erhält,

---

[37] Nur eine Kapitalgesellschaft kann eigene Anteile halten, vgl. §§ 71 ff. AktG, § 33 GmbHG.

[38] *Morzfeld/Schultz/Streit*, Sonderbeil. z. DB Heft 3/2009, 94; *Müller*, S. 401 ff.

[39] Vgl. *Eilers*, GWR 2009, 3, 4.

[40] Vgl. *Westphal/Janjuah*, Sonderbeil. z. ZIP Heft 3/2008, 1, 15.

[41] Insolvenzrechtshandbuch/*Drukarczyk/Kippes*, § 3 Rdnr. 69; *Ekkenga*, ZGR 2009, 581, 586; *Müller*, S. 403 f.; *Schmidt/Schlitt*, Der Konzern 2009, 279, 280; v. *Sydow/Beyer*, AG 2005, 635, 636; *Toth-Feher/Schick*, ZIP 2004, 491, 495; *Wohlenberg/Altenkirch*, in: Handbuch Unternehmensrestrukturierung, S. 504.

[42] Das nominelle Grund- bzw. Stammkapital wird an das noch vorhandene Reinvermögen angepasst.

[43] *Müller*, S. 180; *Schmidt*, ZGR 1982, 519, 520 m. w. N.

[44] *BGHZ* 138, 71, 78 (Sachsenmilch); *Uhlenbruck*, in: FS Kirchhof, 2003, S. 479, 488 m. w. N.

der das Verhältnis zwischen dem Wert der vor der Durchführung des DES vorhandenen Anteile der Alt-Anteilseigner[45] und dem Wert der durch ihn eingebrachten Anteile widerspiegelt.[46] Wirtschaftlich gesehen werden durch den Kapitalschnitt die Verluste den Alt-Anteilseignern zugeordnet.[47] Dies ist notwendig, um die Umwandlung für einen Gesellschaftsgläubiger überhaupt erst wirtschaftlich attraktiv erscheinen zu lassen.[48] Lag der Eröffnungsgrund des Insolvenzverfahrens in der Überschuldung gem. § 19 InsO, wird durch eine Kapitalherabsetzung das Stamm- bzw. Grundkapital der Gesellschaft zunächst auf null herabzusetzen sein[49].[50]

2.1.2.1.1 Allgemeine Voraussetzungen

Die Kapitalherabsetzung kann bei AG und GmbH mittels einer vereinfachten Kapitalherabsetzung gem. §§ 229 ff. AktG bzw. §§ 58a ff. GmbHG, die nur zum Zweck eines Ausgleichs von Wertminderungen oder der Deckung sonstiger Verluste nach Auflösung bestehender Rücklagen und Verwendung eines gegebenenfalls vorhandenen Gewinnvortrags zulässig ist, erfolgen (§ 229 Abs. 1 S. 1 und Abs. 2 AktG, § 58a Abs. 1 und 2 GmbHG). Ein DES dient gerade diesem Zweck.[51] Im Insolvenzplanverfahren werden regelmäßig auch keine Rücklagen oder Gewinnvorträge vorhanden sein.[52] In formeller Hinsicht bedarf der Beschluss unter anderem bei der AG einer Kapitalmehrheit von drei Viertel des bei der Beschlussfassung vertretenen Grundkapitals, bei der GmbH einer Mehrheit von drei Viertel der abgegebenen Stimmen (§§ 229 Abs. 3, 222 Abs. 1 AktG, §§ 58a Abs. 5, 53 Abs. 2 S. 1 Hs. 2 GmbHG).

---

[45] Vielfach beträgt dieser null.

[46] *Ekkenga*, ZGR 2009, 581, 592; vgl. *Kestler/Striegel/Jesch*, NZI 2005, 417, 422; vgl. *Reger/Stenzel*, NZG 2009, 1210.

[47] *Eidenmüller*, Unternehmenssanierung, S. 294; *Reger*, in: Handbuch Unternehmensrestrukturierung, 2006, S. 812.

[48] *Eidenmüller/Engert*, ZIP 2009, 541, 542.

[49] *Schmidt/Schlitt*, Der Konzern 2009, 279, 283; vgl. *Eidenmüller/Engert*, ZIP 2009, 541, 542; vgl. *Ekkenga*, ZGR 2009, 581, 593.

[50] Zur Zulässigkeit *BGHZ* 142, 167, 169 f. (Hilgers); 119, 305, 319 f. (Klöckner-Genüsse); nach überwiegender Ansicht auch analog auf die GmbH anwendbar, *Priester*, DNotZ 2003, 592, 595; Rowedder/*Zimmermann*, § 58a Rdnr. 16.

[51] Siehe oben S. 3 ff.

[52] *Müller*, S. 180.

2.1.2.1.2 Kapitalherabsetzung unter das gesetzliche Mindestkapital

Im Insolvenzplanverfahren wird regelmäßig eine vereinfachte Kapitalherabsetzung des gezeichneten Kapitals unter das gesetzliche Mindestkapital[53] (§ 7 AktG, § 5 Abs. 1 GmbHG) vorzunehmen sein. Dies ist zulässig, wenn mit der Herabsetzung zugleich eine Kapitalerhöhung beschlossen wird, bei der Sacheinlagen nicht vorgesehen sind (§§ 228 Abs. 1, 229 Abs. 3 AktG, § 58a Abs. 4 S. 1 GmbHG).[54] Nach h. M. gilt diese Beschränkung allerdings nur, bis der Betrag des gesetzlichen Mindestkapitals erreicht ist. Der darüber hinausgehende Betrag kann im Erhöhungsbeschluss auch als Sacheinlage festgelegt werden.[55] Ein DES ist mithin „nur" hinsichtlich des das gesetzliche Mindestkapital übersteigenden Betrags zulässig, so dass im Insolvenzplanverfahren regelmäßig eine gemischte Bar-/Sacheinlage[56] erbracht werden muss. Der Umweg über eine Rückzahlung der Gläubigerforderung, verbunden mit der zeit- und sachnahen Zeichnung neuer Gesellschaftsanteile durch den Gläubiger in Höhe der Forderungsrückzahlung, stellt grundsätzlich eine verdeckte Sacheinlage[57] dar und befreit ebenfalls nicht von betreffender Beschränkung.[58] Die Gesellschaft ist also darauf angewiesen, dass der umwandlungswillige Gläubiger oder ein anderer Kapitalgeber gleichzeitig mit dem Beschluss über die Kapitalherabsetzung eine Kapitalerhöhung gegen Bareinlagen bis zum gesetzlichen Mindestkapital durchführt.[59]

2.1.2.2 Sachkapitalerhöhung

Die h. M. erkennt heute an, dass Gläubigerforderungen gegen eine AG oder GmbH sacheinlagefähig sind.[60] Die Einlageleistung wird vom Gläubi-

---

[53] Aus Vereinfachungsgründen wird der gem. 7 AktG geforderte Mindestnennbetrag bzw. das gem. § 5 Abs. 1 GmbHG geforderte Mindeststammkapital im Folgenden einheitlich als gesetzliches Mindestkapital bezeichnet.

[54] *Ekkenga*, ZGR 2009, 581, 593; vgl. *Hüffer*, § 229 Abs. 3 Rdnr. 22.

[55] *Ekkenga*, ZGR 2009, 581, 593; *Hüffer*, § 228 Abs. 1 Rdnr. 3; MünchKomm AktG Bd. VII/*Oechsler*, § 228 Rdnr. 7; Großkomm AktG Bd. VI/*Schilling*, § 228 Anm. 6.

[56] Vgl. zur Kapitalaufbringung bei Gründung der AG, die sinngemäß Anwendung findet (§ 188 Abs. 2 S. 1 AktG) *Hüffer* § 36 Rdnr. 12; MünchKomm AktG Bd. I/*Pentz*, § 36 Rdnr. 98.

[57] Vgl. § 27 Abs. 3 AktG, § 19 Abs. 4 GmbHG.

[58] *Friedl/Natusch*, Finanz-Betrieb 2009, 227, 229; *Schmidt/Schlitt*, Der Konzern 2009, 279, 280, Fn. 6; *Schmidt*, ZGR 1982, 519, 523.

[59] *Eidenmüller*, Unternehmenssanierung, S. 113; *Ekkenga*, ZGR 2009, 581, 593.

[60] *Ekkenga*, ZGR 2009, 581, 589 m. w. N.

ger und Anteilseigner in spe erbracht, indem er die Forderung durch Erlassvertrag, Verrechnungsabrede oder Abtretung an die Gesellschaft zum Erlöschen bringt.[61] Gerade in der Insolvenz darf die einzulegende Forderung nicht mehr mit ihrem Nominalbetrag bewertet werden. Es hat ein Abschlag zu erfolgen.[62] Stellt sich im Nachhinein eine Überbewertung der Forderungen heraus, trifft den Gläubiger eine Nachzahlungspflicht (Differenzhaftung).[63] Je näher der ermittelte Wert bei null liegt, desto geringer ist das Risiko der Differenzhaftung.[64] Wurde das Eigenkapital aufgrund der Überschuldung der Gesellschaft auf null herabgesetzt, spielt die Höhe der Bewertung der Gläubigerforderung, die in der Sachkapitalerhöhung eingebracht wird, für das Verhältnis der Verteilung der Gesellschaftsanteile zwischen Alt-Anteilseignern und neu in den Anteilseignerkreis tretenden Gesellschaftsgläubigern keine Rolle.[65] Der Gläubiger kann dann die einzubringenden Forderungen unterbewerten, um die Differenzhaftung möglichst zu vermeiden.

2.1.2.3 Bezugsrechtsausschluss

Da ausschließlich die Gläubiger die einzubringenden Forderungen halten[66], hat im Rahmen der Kapitalerhöhung außerdem ein Bezugsrechtsausschluss gem. § 186 Abs. 3 AktG[67] zu erfolgen. Dieser kann nur im Beschluss über die Erhöhung des Grundkapitals gefasst werden und bedarf einer Dreiviertelmehrheit des bei der Beschlussfassung vertretenen Grundkapitals (§ 186 Abs. 3 S. 1 und 2 AktG). Die sachliche Rechtfertigung ist gegeben, sofern eine Einzelfallprüfung ergibt, dass der Bezugsrechtsausschluss einem Zweck dient, der im Interesse der Gesellschaft liegt und zur Zweckerreichung geeignet, erforderlich sowie angemessen ist.[68] Eine sachliche Rechtfertigung ist dann nicht gegeben, wenn die zur Rückzahlung der Forderung erforderlichen Mittel auch durch eine Barkapitalerhöhung ohne Bezugsrechtsaus-

---

[61] *Ekkenga*, ZGR 2009, 581, 589.

[62] Vgl. *Hass/Schreiber/Tschauner*, in: Handbuch Unternehmensrestrukturierung, S. 847 f.

[63] Für die AG *Hüffer*, § 183 Rdnr. 21; für die GmbH Baumbach/Hueck/*Roth*, § 11 Rdnr. 12.

[64] Vgl. *Eidenmüller*, Unternehmenssanierung, S. 102.

[65] Vgl. *Kestler/Striegel/Jesch*, Distressed Debt Investments, Rdnr. 118 ff.

[66] *Scheunemann/Hoffmann*, DB 2009, 983, 984.

[67] Für die GmbH ist ebenso ein Bezugsrecht anerkannt, so dass hier ebenso ein Bezugsrechtsausschluss zu erfolgen hat; *Priester*, DNotZ 2003, 592, 596 f. m. w. N.

[68] Statt vieler *BGHZ* 71, 40, 46; 120, 141, 145 f.; 125, 239, 242; *Hüffer* § 186 Rdnr. 25; *Schmitt/Schlitt*, Der Konzern 2009, 279, 281.

schluss beschafft werden könnten.[69] Ist im Insolvenzplanverfahren zu Reorganisationszwecken ein DES vorgesehen, wird eine Barkapitalerhöhung, mangels weiterer gewillter Inferenten gerade nicht als Option zur Verfügung stehen, so dass ein Bezugsrechtsausschluss regelmäßig sachlich gerechtfertigt ist.[70] Abweichend verhält es sich, wenn das Grund- bzw. Stammkapital zuvor auf null herabgesetzt wurde, wodurch die Alt-Anteilseigner bei einem Bezugsrechtsausschluss zwangsläufig ihre Anteilseignerstellung verlören[71]. Auch hier besteht ein Bezugsrecht.[72] Diesen „denkbar schwersten Eingriff in das Aktieneigentum"[73] kann man nur in extremen Ausnahmesituationen als gerechtfertigt ansehen.[74] Dies kann beispielsweise der Fall sein, wenn ein Gläubiger sich nur unter der Voraussetzung, dass er alleine die neuen Anteile übernehmen kann, zur Reorganisation der Gesellschaft bereiterklärt.[75] Außerdem müssen zusätzliche Voraussetzungen erfüllt sein: Es dürfen keine Alternativen bestehen, die Reorganisation der Gesellschaft muss bei Ausschluss des Bezugsrechts gewährleistet sein und die völlige Wertlosigkeit der Anteile der Alt-Anteilseigner muss zweifelsfrei feststehen.[76] Bei bestehender Überschuldung der Gesellschaft ist allerdings an einen teilweisen Bezugsrechtsausschluss (§ 186 Abs. 3 S. 1 AktG)[77] in der Weise zu denken, dass die Anteilseigner bis zur Grenze des gesetzlichen Mindestkapitals Bareinlagen einbringen, die gesetzlich ohnehin vorgeschrieben sind – die entsprechende Bereitschaft vorausgesetzt.

2.1.3 Gesellschaftsrechtliche Treuepflicht

In diesem Zusammenhang stellt sich die Frage, ob die gesellschaftsrechtliche Treuepflicht imstande ist, im Insolvenzplanverfahren eine Zustimmungs-

---

[69] *Hirte*, Bezugsrechtsausschluss und Konzernbildung, 1986, S. 75; *Hüffer*, § 186 Rdnr. 35; MünchKomm AktG Bd. VI/*Pfeifer*, § 186 Rdnr. 95; *Redeker*, BB 2007, 673, 675; *Schmidt/Schlitt*, Der Konzern 2009, 279, 281; *Toth-Feher/Schick*, ZIP 2004, 491, 495.

[70] *Hüffer*, § 186 Rdnr. 35; *Toth-Feher/Schick*, ZIP 2004, 491, 495; a. A. *Schwalme*, DZWIR 2004, 230, 233, der davon spricht, dass in der Insolvenz stets das Gläubigerinteresse im Vordergrund stehe, der Bezugsrechtsausschluss somit gerade nicht im Interesse der Gesellschaft liege.

[71] *Krieger*, ZGR 2000, 885, 899 f.; vgl. *Priester*, DNotZ 2003, 592, 595.

[72] *OLG Koblenz*, Urt. v. 12. 3. 1998, AG 1998, 429, 430; *Krieger*, ZGR 2000, 885, 898; *Priester*, DNotZ 2003, 592, 596 f.; *Pujol*, S. 167 f.; *Reger/Stenzel*, NZG 2009, 1210, 1211; für die GmbH *BGH*, Urt. v. 18. 4. 2005, ZIP 2005, 985, 987.

[73] *Krieger*, ZGR 2000, 885, 899.

[74] *Krieger*, ZGR 2000, 885, 900; *Reger/Stenzel*, NZG 2009, 1210, 1211.

[75] *Priester*, DNotZ 2003, 592, 598.

[76] *Krieger*, ZGR 2000, 885, 900; *Pujol*, S. 171 f.; *Priester*, DNotZ 2003, 592, 598.

[77] MünchKomm AktG Bd. VI/*Habersack*, § 221 Rdnr. 174.

oder Veräußerungsverpflichtung der Anteilseigner zu begründen, würde sich eine solche Pflicht doch auf den Bedarf nach einer gesetzlichen Reform auswirken.

Spezifische gesellschaftsrechtliche Treuepflichten in der Insolvenz bestehen nicht. Im Folgenden werden daher die allgemeinen Grundsätze erläutert. Dabei hat eine Differenzierung in doppelter Hinsicht zu erfolgen: bezüglich des betroffenen Verhältnisses und den Maßnahmen, über die der DES durchgeführt wird. Aufgrund des Hauptziels des Insolvenzverfahrens, das in der optimalen Haftungsverwirklichung im Interesse der Gläubiger liegt[78], ist das Verhältnis zwischen umwandlungswilligen Gläubigern und Alt-Anteilseignern von primärer Bedeutung. Gerade aber in diesem Verhältnis wirkt die gesellschaftsrechtliche Treuepflicht nach h. M. nicht.[79]

Ebenso kann jedoch eine etwaig bestehende Treuepflicht der Anteilseigner gegenüber der Schuldnergesellschaft bzw. der Alt-Anteilseigner untereinander relevant werden. Dies ist beispielsweise der Fall, wenn die Mehrheit der Alt-Anteilseigner die Durchführung eines DES befürwortet. Zu differenzieren ist dabei zwischen den Möglichkeiten der Durchführung eines DES. Eine gesellschaftsrechtliche Treuepflicht der Anteilseigner zur Übertragung der Gesellschaftsanteile an die umwandlungswilligen Gläubiger und zur Aufgabe des Anteilseigentums ist zu verneinen.[80] Anders verhält es sich bei einer Realisierung des DES über einen Kapitalschnitt. In Anlehnung an die „Girmes"-Entscheidung des *BGH*[81] ließe sich eine Zustimmungspflicht der Minderheitsgesellschafter begründen, wenn eine sinnvolle und von der Mehrheit angestrebte Reorganisationsmaßnahme die sich in der Krise befindliche Gesellschaft erhalten kann, bei einem Scheitern des Beschlusses der Zusammenbruch der Gesellschaft unvermeidlich ist, die Stellung des einzelnen Gesellschafters im Fall des Zusammenbruchs ungünstiger wäre als bei einem Austritt aus der Gesellschaft und keine schonendere Sanierung

---

[78] Vgl. § 1 S. 1 InsO; Regierungsentwurf InsO, BT-Drucks. 12/2443, S. 83, 108; MünchKomm InsO Bd. I/*Ganter*, § 1 Rdnr. 20 m. w. N.

[79] *Achsnick*, S. 124; *Brüning*, S. 199; *Noack*, in: FS Röhricht, 2005, S. 455, 460 f.; *Patzschke*, S. 167, Fn. 18; *Schwalme*, DZWIR 2004, 230, 231; vgl. *Schmidt*, Gesellschaftsrecht, S. 135.

[80] *Achsnick*, S. 123; *Brüning*, S. 198 f.; *Eidenmüller*, ZIP 2007, 1729, 1736; *Noack*, Gesellschaftsrecht, Rdnr. 123; *Sassenrath*, ZIP 2003, 1517, 1519; a. A. vgl. Nerlich/Römermann/Braun, § 217 Rdnr. 41, 44.

[81] *BGHZ* 129, 136 (Girmes).

möglich ist.[82] Diese Entscheidung des *BGH* bezog sich allerdings lediglich auf eine nominelle Kapitalherabsetzung, die das Vermögen der Gesellschafter nicht beeinträchtigt hätte.[83] Im Personengesellschaftsrecht bejahte der *BGH* in einem neueren Urteil für nicht sanierungswillige Gesellschafter einer Publikumspersonengesellschaft unter Anwendung der Grundsätze des „Girmes"-Urteils eine Zustimmungspflicht zu einem Beschluss über die gesellschaftssanierende Kapitalherabsetzung und Kapitalerhöhung, auch wenn der sanierungsunwillige Gesellschafter dadurch aus der Gesellschaft ausscheidet.[84] Der *BGH* stellt darauf ab, dass die Gesellschafter durch „ihr Ausscheiden nicht schlechter"[85] gestellt werden als bei der Liquidation.[86] Im dem Urteil zugrundeliegenden Sachverhalt, war die Gesellschaft überschuldet, so dass die Anteile der sanierungsunwilligen Gesellschafter einen negativen Wert aufwiesen.[87] Die Grundsätze der „Girmes"-Entscheidung wurden dabei insofern modifiziert, als der *BGH* in der „Girmes"-Entscheidung im Vergleich zum Austritt noch eine *ungünstigere* Stellung des einzelnen Aktionärs beim Zusammenbruch gefordert hatte.[88] Dieses Urteil stellt insofern ein Novum dar, als ein Gesellschafter ausgeschlossen werden kann, wenn er sich weigert an einer sanierenden Kapitalerhöhung teilzunehmen. Bislang ging man davon aus, die Gesellschaft müsse in diesem Fall liquidiert werden.[89] Es muss allerdings darauf hingewiesen werden, dass in den Sachverhalten, die den Urteilen zugrunde lagen, keine Insolvenzsituation bestand.[90] Dessen ungeachtet bejaht die wohl überwiegende Meinung im Einzelfall eine Pflicht der Anteilseigner im Verhältnis zur Gesellschaft bzw. zur Anteilseignermehrheit, einer in der Insolvenz durchzuführenden Reorganisa-

---

[82] *BGHZ* 129, 136, 153 (Girmes); *Lutter*, JZ 1995, 1053, 1055; *Pujol*, S. 108 ff.; *Schmidt/Schlitt*, Der Konzern 2009, 279, 282; *Schorlemer/Stupp*, NZI 2003, 345, 348; *Schwalme*, DZWIR 2004, 230, 231.

[83] *BGHZ* 129, 136, 139, 153 (Girmes); *Lutter*, JZ 1995, 1053, 1054; *Schwalme*, DZWIR 2004, 230, 231.

[84] *BGH*, Urt. v. 19. 10. 2009, NZI 2009, 907.

[85] *BGH*, Urt. v. 19. 10. 2009, NZI 2009, 907, 909.

[86] So auch *Schmidt*, ZGR 1982, 519, 525 „[...] (mindestens) ebenso ungünstig [...]" ; *Schmidt*, Gesellschaftsrecht, § 5 IV 5 a.

[87] *BGH*, Urt. v. 19. 10. 2009, NZI 2009, 907, 909.

[88] *BGHZ* 129, 136, 153 (Girmes).

[89] *Wagner*, NZG 2009, 1378.

[90] Vgl. hinsichtlich des „Girmes"-Urteils *Schwalme*, DZWIR 2004, 230, 231.

tionsmaßnahme, wie dem DES, zuzustimmen oder sie zumindest nicht zu blockieren.[91]

Daraus ergibt sich zwar eine „nicht exzessiv auszulegende“[92] Möglichkeit im Einzelfall[93] die Obstruktion von Minderheitsanteilseignern zu überwinden, die Gläubiger können die Einhaltung dieser Pflicht jedoch nicht geltend machen[94]. Gerade aber sie werden im Insolvenzplanverfahren ein Interesse daran haben, einen DES auch gegen den Willen der Anteilseignermehrheit durchführen zu können. Ferner gestaltet sich das prozessuale Verfahren der Durchsetzung der Treuepflicht schwierig und langwierig.[95] Aus den vorgenannten Gründen stellt die gesellschafstrechtliche Treuepflicht keine adäquate Alternative zu einer Regelung de lege ferenda dar.[96]

2.2 Insolvenzrechtliche Betrachtung

Obgleich die Durchführung eines DES im Insolvenzplanverfahren hauptsächlich im Gesellschaftsrecht geregelt ist, bestehen auch insolvenzrechtliche Implikationen.

Im gestaltenden Teil des Insolvenzplans wird gem. § 221 InsO festgelegt, wie die Rechtsstellung der Beteiligten durch den Plan geändert werden soll. Wären Anteilseigner des Schuldners Beteiligte im Sinne dieser Vorschrift, könnten die notwendigen Kapitalmaßnahmen und die damit verbundenen Eingriffe in die Rechtsstellung der Anteilseigner im gestaltenden Teil des Insolvenzplans vorgesehen werden. Nach ganz h. L. handelt es sich bei den Anteilseignern des Schuldners jedoch nicht um Beteiligte im Sinne von § 221 InsO[97], so dass Zwangseingriffe zum Zweck der vereinfachten Durchführung eines DES im Insolvenzplan nicht vorgesehen werden können[98].

---

[91] *Achsnick*, S. 122; *Eidenmüller*, ZGR 2001, 680, 687; *Fassbach*, S. 182 ff.; *Häsemeyer*, ZHR 1996, 109, 131; *Müller*, S. 326 f.; Für die GmbH *Kautz*, Die gesellschaftsrechtliche Neuordnung der GmbH im künftigen Insolvenzrecht, 1995, S. 210 f.; vgl. *Pujol*, S. 111 ff., insb. 114; a. A. *Schwalme*, DZWIR 2004, 230, 232; *Uhlenbruck*, in: FS Kirchhof, 2003, S. 479, 485, 489.

[92] *Ehlers*, ZInsO 2009, 320, 323.

[93] *Maesch*, S. 274 m. w. N.

[94] *Schulz*, Treuepflichten, Rdnr. 261 ff. sieht in der Entscheidung einen Insolvenzplan aufzustellen die Begründung einer GbR zwischen den Gläubiger. *Uhlenbruck*, in: FS Kirchhof, 2003, S. 479, 485 f. wirft weiter die Frage auf, ob die Anteilseigner nicht in diese GbR einzubeziehen wären, wodurch sich auch Treuepflichten der Anteilseigner gegenüber den Gläubigern ergeben könnten.

[95] *Brüning*, S. 199 ff.; *Redeker*, BB 2007, 673, 676.

[96] A. A. *Müller*, S. 369.

[97] MünchKomm InsO Bd. I/*Eidenmüller*, § 217 Rdnr. 65 m. w. N. in Fn. 1; *Herweg*, Rdnr. 7.

[98] *Eidenmüller/Engert*, ZIP 2009, 541, 542.

Dennoch sind sie – unter Umständen sogar in Eigenverwaltung[99] – am Insolvenzplanverfahren beteiligt, können ihren Gesellschaftsanteil erhalten, sogar dessen Wert steigern.[100] Ob Anteilseigner sich im Bezug auf gesellschaftsrechtliche Maßnahmen freiwillig dem Insolvenzplan unterwerfen und die notwendigen Kapitalmaßnahmen damit auch Inhalt des gestaltenden Teils des Insolvenzplans werden können, ist im Schrifttum umstritten.[101] Die ablehnende Ansicht verweist darauf, dass gesellschaftsrechtliche Maßnahmen außerhalb des Insolvenzplanverfahrens zu vereinbaren und dann in den darstellenden Teil des Plans aufzunehmen seien.[102] Wären gesellschaftsrechtliche Maßnahmen tatsächlich ausschließlich im darstellenden Teil des Insolvenzplans aufzuführen, stellt sich die Frage, wie die Abstimmung gesellschafts- und insolvenzrechtlicher Maßnahmen erfolgen soll. Als Abstimmungsinstrument bietet sich der bedingte Plan gem. § 249 InsO an, durch den „andere Maßnahmen" – auch gesellschaftsrechtliche Maßnahmen – zu einer Voraussetzung für die gerichtliche Bestätigung (§ 248 InsO) des Insolvenzplans gemacht werden können.[103] So soll der Gegebenheit der nicht in den Plan einbezogenen Anteilseigner Abhilfe geschaffen werden.[104] Hierbei besteht aber das Problem des „Vorleistungsrisikos der Gesellschafter", da diese sich beim Beschluss der gesellschaftrechtlichen Maßnahmen nicht sicher sein können, ob der Insolvenzplan tatsächlich gerichtlich bestätigt wird.[105] Dieser Umstand wird die Anteilseigner nicht ermutigen, den gesellschaftsrechtlichen Maßnahmen ihre Zustimmung zu erteilen.[106] Zudem ist es Anteilseignern nach Bestätigung des Insolvenzplans möglich, den Vollzug gesellschaftsrechtlicher Maßnahmen zu unterlassen oder rückgängig zu machen.[107] *Braun/Uhlenbruck* schlagen daher eine Treuhänderlösung vor, bei

---

[99] Vgl. §§ 270 ff. InsO.

[100] *Uhlenbruck*, in: FS Kirchhof, 2003, S. 479, 481.

[101] Für die Möglichkeit der freiwilligen Unterwerfung MünchKomm InsO Bd. I/*Eidenmüller*, § 217 Rdnr. 150 ff., insb. 160; *Eidenmüller*, ZGR 2001, 680, 689; *Labbé/Rudolph*, Finanz-Betrieb 2008, 97, 98 f.; *Maus*, in: Kölner Schrift (2. Aufl.), S. 931, 946; *Pawlowski*, DZWIR 2001, 45, 50; *Smid/Rattunde*, Rdnr. 6.33 f.; vgl. *Sassenrath*, ZIP 2003, 1517, 1518 f.; a. A. *Brüning*, S. 150 f.; Kreft/*Flessner*, § 221 Rdnr. 3; vgl. Uhlenbruck/*Lüer*, § 254 Rdnr. 2, 6; vgl. *Müller*, S. 320; vgl. *Noack*, Gesellschaftsrecht, 1999, Rdnr. 110, 112, 121.

[102] *Brüning*, S. 151 m. w. N.; KPB/*Otte*, § 221 Rdnr. 5; *Patzschke*, S. 53.

[103] Vgl. *Brüning*, S. 152 ff.

[104] *Braun/Uhlenbruck*, Unternehmensinsolvenz, S. 578.

[105] Vgl. *Achsnick*, S. 112 f., Fn. 346; vgl. *Brüning*, 155 ff.; vgl. *Eidenmüller*, ZGR 2001, 680, 692 und Fn. 46; vgl. *Eidenmüller*, Unternehmenssanierung, S. 56, Fn. 16.

[106] Vgl. *Brüning*, S. 155.

[107] *Patzschke*, S. 179.

der einem bevollmächtigten Treuhänder das Kapital für die durchzuführende gesellschaftsrechtliche Maßnahme zur Verfügung gestellt wird und alleine die unwiderrufliche Beauftragung des Treuhänders Bedingung gem. § 249 InsO ist.[108] Festzuhalten bleibt, dass gesellschafts- und insolvenzrechtliche Maßnahmen ohne „kautelarische Hilfskonstruktionen"[109] im Insolvenzplanverfahren nicht zweckmäßig aufeinander abgestimmt werden können.
Auf Gläubigerseite muss jeder einzelne Gläubiger, der gegen die Einbringung von Forderungen Anteile übernehmen soll, gem. § 230 Abs. 2 InsO dem Insolvenzplan in einer dem Insolvenzplan zuzufügenden Erklärung zustimmen.

2.3 Problemfelder

Das bedeutendste Problemfeld ergibt sich durch die gesellschaftsrechtliche Abstinenz der Insolvenzordnung[110]. Denn der Erfolg eines DES im Insolvenzplanverfahren steht und fällt mit der Zustimmung der Anteilseigner zu den notwendigen Kapitalmaßnahmen bzw. mit der Bereitschaft, Anteile an Gesellschaftsgläubiger zu verkaufen[111], die grundsätzlich nicht erzwungen werden kann.[112] Bereits der Fortsetzungsbeschluss, der einer Reorganisation der Gesellschaft vorangehen muss, ist von den Anteilseignern zu fassen.[113] Diese Blockademöglichkeit wiegt umso schwerer, als die Anteilseigner durch die Reorganisation eine erhebliche Aufwertung ihrer Anteile erfahren können, ohne selbst einen wesentlichen Reorganisationsbeitrag zu leisten.[114] Ebenfalls durch die gesellschaftsrechtliche Abstinenz der Insolvenzordnung bedingt ist das Problem, dass gesellschaftsrechtliche Maßnahmen, wie beispielsweise die für einen DES notwendigen Kapitalmaßnahmen, nur unzu-

---

108 *Braun/Uhlenbruck*, Unternehmensinsolvenz, S. 578.

109 So bezeichnet *Eidenmüller*, ZGR 2001, 680, 692, Fn. 46 die Lösung *Braun/Uhlenbrucks* (Fn. 108).

110 *Brüning*, S. 118 f.; vgl. Regierungsentwurf InsO, BT-Drucks. 12/2443, S. 77, 83.

111 *Brüning*, S. 123, 134; *Labbé/Rudolph*, GmbHR 2008, 97, 98; *Redeker*, ZIP 2007, 673, 676; *Schmidt*, ZGR 1982, 519, 524; *Westphal/Janjuah*, Sonderbeil. z. ZIP Heft 3/2008, 1, 14; hinsichtlich Reorganisationsmaßnahmen allgemein *Kluth*, ZInsO 2002, 258, 263; *Ulmer*, in: Neuordnung , S. 119, 121.

112 *Achsnick*, S. 110 f.; *Herweg*, Rdnr. 75; FK-InsO/*Jaffé*, § 217 Rdnr. 82; *Pujol*, S. 91.; *Uhlenbruck*, in: FS Kirchhof, 2003, S. 479, 488 f.; vgl. *Brüning*, S. 121 f., 132; vgl. Kreft/*Flessner* § 221 Rdnr. 3.

113 *Uhlenbruck*, NZI 2008, 201, 202 f.; *Uhlenbruck*, in: FS Kirchhof, 2003, S. 479, 488.

114 *Kluth*, ZInsO 2002, 258; Kreft/*Flessner*, § 221 Rdnr. 4; *Flessner*, ZRP 1982, 244, 245; *Pujol*, S. 105; *Sassenrath*, ZIP 2003, 1517, 1518.

reichend mit Maßnahmen des Insolvenzplans abgestimmt werden können.[115] Der Schwerpunkt vorliegender Arbeit liegt in der Aufarbeitung dieser Problemfelder.

Aufgrund in der Krise vorzunehmender Bewertungsabschläge[116] auf den Forderungsnominalwert und die Differenzhaftung[117] verliert ein DES für die Gläubiger zusätzlich an Attraktivität. Die Problematik der Eigenkapitalersatzregeln gem. § 39 Abs. 1 Nr. 5 InsO, die unter bestimmten Voraussetzungen auf Gläubiger Anwendung finden, die nicht alle Forderungen in Eigenkapital umgewandelt haben oder nach einem DES weitere Darlehen gewähren wollen[118], wurde durch das Sanierungsprivileg gem. § 39 Abs. 4 S. 2 InsO entschärft. Denn es nimmt Gläubiger, die Anteile der Gesellschaft bei eingetretener Zahlungsunfähigkeit oder Überschuldung zum Zweck ihrer Sanierung erwerben, von der Anwendung des § 39 Abs. 1 Nr. 5 InsO „bis zur nachhaltigen Sanierung" aus.

3 Stellung des DES im U.S.-amerikanischen Reorganisationsverfahren

Das U.S.-amerikanische Reorganisationsverfahren nach Chapter 11 des Bankruptcy Code (BC)[119] gilt im Vergleich zum deutschen Insolvenzplanverfahren als sanierungsfreundlicher und praxisgerechter.[120] Dies mag nicht zuletzt an der verhältnismäßig einfachen Durchführung eines DES liegen. In diesem Abschnitt werden die für die Durchführung eines DES relevanten Regelungen des U.S.-Rechts betrachtet, um Anregungen für ein zu entwickelndes Regelungskonzept zu erhalten.

Der Reorganisationsplan des U.S.-Rechts muss gem. § 1123 (a) (5) BC angemessene Maßnahmen für seine Durchführung vorsehen. Dazu zählt unter anderem die Umwandlung von Forderungen in Anteile der Schuldnergesell-

[115] Die Wichtigkeit dieser Abstimmung erkennend *Schmidt*, in: Kölner Schrift (2. Aufl.), S. 1187, 1212.

[116] *Lutter/Hommelhoff/Timm*, BB 1980, 737, 740.

[117] Für die AG *Hüffer*, § 183 Rdnr. 21; *Lutter/Hommelhoff/Timm*, BB 1980, 737, 740; MünchKomm AktG Bd. VI/*Pfeifer*, § 183 Rdnr. 117 f.; für die GmbH Baumbach/Hueck/*Zöllner*, § 56 Rdnr. 18; allgemein *Redeker*, BB 2007, 673, 676.

[118] Vgl. *Müller*, S. 407 ff.

[119] Abrufbar unter <http://www.law.cornell.edu/uscode/html/uscode11/usc_sup_01_11_10_11.html> (Stand: 28. 8. 2010).

[120] *Ekkenga*, ZGR 2009, 581, 586.

schaft – der DES.[121] Da bei der Fortführung des Unternehmens im U.S.-Reorganisationsverfahren grundsätzlich kein Verwertungserlös entsteht, ist der DES wesentliches Mittel zur Befriedigung der Gläubiger: Sie erhalten Anteile am reorganisierten Unternehmen.[122] Somit hat der DES im U.S.-Reorganisationsverfahren einen festen Platz.

Ähnlich der Gruppenbildung im deutschen Insolvenzrecht, erfolgt eine Einteilung der Gläubiger und Anteilseigner in Klassen[123], die über den Reorganisationsplan und somit über einen gegebenenfalls vorgesehenen DES abstimmen[124]. An diesem Abstimmungsprozess ist immer mindestens eine Anteilseignerklasse („classes of interests"[125]) beteiligt.[126] Die Zustimmung der Anteilseignerklasse gilt gem. § 1126 (d) BC als erteilt, wenn mindestens zwei Drittel des festgestellten Betrags der in der Klasse bestehenden Anteile dem Plan zugestimmt haben.[127] Im Gegensatz zum Insolvenzplanverfahren sind die Anteilseigner mithin am Reorganisationsverfahren Beteiligte.[128]

Im Kontext der vorliegenden Arbeit nimmt die „cram down rule"[129] gem. § 1129 (b) BC eine hervorgehobene Stellung ein. Danach kann das Insolvenzgericht ausschließlich auf Antrag des Planvorschlagenden (§ 1129 (b) (1) BC)[130] unter bestimmten Voraussetzungen den Plan bestätigen, auch wenn Abstimmungsklassen – auch Anteilseignerklassen – den Plan abgelehnt haben.[131] Ausreichend für die Annahme des Plans ist unter anderem, dass nur eine einzige Abstimmungsklasse, deren Rechte durch den Plan beeinträchtigt ist, dem Plan zustimmt.[132] Weitere Voraussetzung ist, dass der Plan keine unbillige Diskriminierung enthält und die widersprechenden Klassen in Bezug auf die Rangfolge der Anspruchsklassen, deren Rechte beeinträchtigt werden und die dem Plan nicht zugestimmt haben, angemessen

---

[121] § 1123 (a) (5) (J) BC: „[...] a plan shall [...] provide adequate means for the plan's implementation, such as [...] issuance of securities of the debtor [...] in exchange for claims or interests [...]."

[122] *Braun*, in: FS Fischer, 2008, S. 53, 56.

[123] Vergleichbar mit den Abstimmungsgruppen im deutschen Insolvenzrecht, *Fassbach*, S. 23.

[124] Vgl. §§ 1126, 1129 BC.

[125] Der gesetzliche Terminus „interests" bezeichnet die Beteiligungsrechte an der Schuldnergesellschaft im Sinne von Besitzansprüchen, *Kemper*, S. 158, Fn. 36 m. w. N.

[126] § 1123 (a) (5) BC: „[...] a plan shall designate [...] classes of interests [...]".

[127] *Fassbach*, S. 30; *Riesenfeld*, KTS 1983, 85, 97.

[128] *Balz*, S. 8.

[129] „Cram down": idiomatisches Englisch für „Würg es runter".

[130] *Herzig*, S. 274; *Kemper*, S. 173.

[131] *Herzig*, S. 274; vgl. *Fassbach*, S. 47.

[132] Vgl. § 1129 (a) (10) BC; *Herzig*, S. 274; *Kemper*, S. 173.

behandelt (§ 1129 (b) (1) BC).[133] Die Anforderung des Nichtbestehens einer unbilligen Diskriminierung bezieht sich dabei auf der jeweiligen Klasse gleichrangige Klassen[134] – alleine das Bestehen einer rangniedrigeren Abstimmungsklasse führt nicht automatisch zu einer Diskriminierung in diesem Sinn. Allgemein handelt es sich um eine, im Gesetz nicht weiter konkretisierte, unbillige Diskriminierung, wenn eine Klasse *nicht gerechtfertigt* schlechter gestellt wird, als andere gleichrangige Klassen.[135] In der Praxis wird das Vorliegen einer unbilligen Diskriminierung nur in offensichtlichen Fällen angenommen, so dass ein „cram down" selten daran scheitert.[136] Paragraph 1129 (b) (2) BC konkretisiert das Erfordernis der fairen und billigen Behandlung. Es erfolgt eine Differenzierung danach, ob eine Klasse ungesicherter Forderungen (§ 1129 (b) (2) (A) BC), gesicherter Forderungen (§ 1129 (b) (2) (B) BC) oder eine Klasse von Anteilseigneransprüchen (§ 1129 (b) (2) (C) BC) vorliegt.[137] Bei den hier interessierenden Anteilseignern sind zwei Voraussetzungen normiert, die alternativ vorliegen müssen. Entweder muss die ablehnende Anteilseignerklasse laut Plan genauso viel oder mehr als das Maximum aus einem ihr zustehenden Liquidationserlös, Rücknahmepreis oder dem Wert ihrer Rechte zur Zeit des Inkrafttretens des Plans erhalten oder behalten, wobei der höchste Wert maßgeblich ist (§ 1129 (b) (2) (C) (i) BC). Alternativ darf keine nachrangige Klasse einen Wert erhalten oder behalten (§ 1129 (b) (2) (C) (ii) BC).[138] Diese Regelung entspricht der „absolute priority rule", wonach nachrangige Forderungen erst nach der vollständigen Befriedigung der im Rang vorangehenden Forderungen befriedigt werden dürfen.[139] Der U.S.-Supreme-Court schuf mit der sog. „new value exception rule" gleichfalls eine Ausnahme von der „absolute priority rule"[140]. Danach können Anteilseigner gegen den Willen einzel-

---

[133] § 1129 (b) (1) BC: „[...] if the plan does not discriminate unfairly, and is fair and equitable, with respect to each class of claims or interests that is impaired under , and has not accepted, the plan."; MünchKomm InsO/*Drukarczyk*, § 245 Rdnr. 36; *Fassbach*, S. 49; *Herzig*, S. 275.

[134] *Tabb*, S. 873.

[135] *Herzig*, S. 275 m. w. N. und einem Bedingungskatalog für eine gerechtfertigte Ungleichbehandlung; vgl. MünchKomm InsO/*Drukarczyk*, § 245 Rdnr. 46.

[136] *Herzig, S. 275; Kemper*, S. 174.

[137] MünchKomm InsO/*Drukarczyk*, § 245 Rdnr. 37; *Fassbach*, S. 51.

[138] MünchKomm InsO/*Drukarczyk*, § 245 Rdnr. 45; *Fassbach*, S. 53; *Herzig*, S. 276; *Riesenfeld*, KTS 1983, 85, 99; *Tabb*, S. 855 f.

[139] *Braun/Uhlenbruck*, Unternehmensinsolvenz, S. 607; *Braun*, in: FS Fischer, 2008, S. 53, 60; *Kemper*, S. 174; *LoPucki/Whitford*, University of Pennsylvania Law Review 139 (1990), 125, 130 m. w. N.

[140] *Herweg*, Rdnr. 404.

ner Gläubigergruppen und unter Verletzung der „absolute priority rule" an der Gesellschaft beteiligt bleiben, wenn sie einen neuen Beitrag in Geld oder geldwerter Leistung erbringen, der dem Ausmaß der dem Anteilseigner überlassenen Beteiligung entspricht und notwendig für den Erfolg der Reorganisation ist.[141] Schließlich besteht das ungeschriebene Tatbestandsmerkmal, dass keine Gruppe mehr als den ihr zustehenden Betrag erhalten darf, solange Klassen niedereren Ranges, die dem Plan nicht zugestimmt haben, noch nicht voll befriedigt sind.[142]

In der insolvenzrechtlichen Diskussion griffen *LoPucki/Whitford* darüber hinaus den vom amerikanischen Gesetzgeber bewusst nicht übernommenen Vorschlag[143] auf, sog. „under water equity", also Anteilseignerrechte, die nach der absoluten Vorrangregel eindeutig nicht an Reorganisationswerten beteiligt sein werden, bereits vor der richterlichen Bestätigung auszuschließen („preemptive cram down").[144] Dadurch wären betreffende Anteilseigner von vornherein vom Reorganisationsverfahren ausgeschlossen und könnten der Annahme von Reorganisationsplänen nicht mehr widersprechen.[145]

Haben alle Klassen dem Plan zugestimmt bzw. wurde gegebenenfalls die Zustimmung ablehnender Klassen ersetzt und hat mindestens eine Klasse den Plan angenommen, ist das zuständige Gericht verpflichtet, ihn zu bestätigen, sofern die übrigen Voraussetzungen des § 1129 (a) BC[146] vorliegen.[147] Dabei ist besonders auf den sog. „best interests test" gem. § 1129 (a) (7) (A) (ii) BC hinzuweisen, demzufolge jede Klasse, die in ihren Rechten beeinträchtigt ist, einen Wert erhalten oder behalten muss, den sie auch bei Liquidation des Unternehmens nach Chapter 7 erhalten würde.[148]

Das U.S.-Insolvenzrecht überlagert als Bundesrecht[149] aufgrund der „federal preemption" das jeweilig einzelstaatlich geregelte Gesellschaftsrecht. Dadurch entfaltet der Reorganisationsplan durch die gerichtliche Bestätigung gem. §§ 1129 BC eine bindende Wirkung auch gegenüber Anteilseig-

---

[141] *Herweg*, Rdnr. 408; *Tabb*, S. 874 ff.

[142] *Herzig*, S. 277 m. w. N; *LoPucki/Whitford*, University of Pennsylvania Law Review 139 (1990), 125, 130; *Riesenfeld*, KTS 1983, 85, 99; *Tabb*, S. 870.

[143] *Flessner*, Sanierung, S. 277 f.

[144] *LoPucki/Whitford*, American Bankruptcy Law Journal 65 (1991), 625, 633.

[145] *LoPucki/Whitford*, American Bankruptcy Law Journal 65 (1991), 625, 635.

[146] Für eine deutsche Übersetzung der Voraussetzungen siehe *Kemper*, S. 166 f.

[147] *Fassbach*, S. 31 ff.

[148] *Braun/Uhlenbruck*, Unternehmensinsolvenz, S. 605 f.; *Herzig*, S. 273 f.

[149] *Elsing/Van Alstine*, US-amerikanisches Handels- und Wirtschaftsrecht, Rdnr. 459.

nern[150], ganz gleich ob durch den Plan in deren Rechte eingegriffen wird oder ob die Anteilseigner dem Plan zugestimmt haben (§ 1141 (a) BC). So ersetzen Planabstimmung und richterliche Planbestätigung sämtliche außerhalb des Insolvenzverfahrens vorgeschriebenen Beschlüsse und Formalien.[151] Werden neue Gesellschaftsanteile im Rahmen eines DES angeboten, findet gem. §§ 1125 (e), 1145 BC außerdem eine Lockerung gesetzlicher Kapitalmarktvorschriften statt, wodurch die Durchführung eines DES zeitlich und finanziell begünstigt wird.[152]
Zusammenfassend kann festgehalten werden, dass der DES ein im U.S.-amerikanischen Reorganisationsrecht fest verwurzeltes Reorganisationsinstrument darstellt und im Gegensatz zum deutschen Insolvenzplanverfahren gegebenenfalls auch gegen den Willen der Alt-Anteilseigner durchgeführt werden kann.

4 Diskussionsentwurf Kreditinstitute-Reorganisationsgesetz

Am 26. August 2009 stellte die regierende Bundesjustizministerin Brigitte Zypries einen Diskussionsentwurf für ein Gesetz zur Einführung eines Reorganisationsplanverfahrens für systemrelevante Kreditinstitute und zur Abwehr von Gefahren für die Stabilität des Finanzsystems[153] vor.[154] Der Diskussionsentwurf enthält neben Änderungsvorschlägen bestehender Gesetze in Artikel 1 den Entwurf eines Kreditinstitute-Reorganisationsgesetzes[155] (KredReorgG-E). Er soll den Verantwortlichen systemrelevanter Banken im zeitlichen Vorfeld einer drohenden Insolvenz durch ein privatautonomes Planverfahren die vereinfachte Möglichkeit bieten, das Unternehmen zu sanieren bzw. zu restrukturieren.[156] Zu diesem Zweck ist in § 8 KredReorgG-E auch eine Umwandlung von Forderungen in Eigenkapital vorgesehen. Damit greift der Gesetzgeber – wenn auch in eingeschränktem Rahmen – erst-

---

[150] *Fassbach*, S. 34.

[151] *Balz*, S. 14.

[152] Vgl. *Braun*, in: FS Fischer, 2008, S. 53, 58.

[153] Erhältlich unter <http://www.bmj.bund.de/files/-/3891/DiskE%20KredReorgG.pdf> (Stand: 28. 8. 2010).

[154] Pressemitteilung des Bundesjustizministeriums vom 26. 8. 2009, <http://www.bmj.de/enid/9d1e31c2f4263e9c7d6705dabb47997a,a66972706d635f6964092d0936313839093a0979656172092d0932303039093a096d6f6e7468092d093038093a095f7472636964092d0936313839/Pressestelle/Pressemitteilungen_58.html> (Stand: 28. 8. 2010).

[155] Ausgeschrieben: Gesetz zur Reorganisation systemrelevanter Kreditinstitute.

[156] *BMJ*, Diskussionsentwurf KredReorgG, S. 27.

mals seit den Regelungsvorschlägen der Kommission für Insolvenzrecht im Jahr 1985[157] und des sich zumindest teilweise daran orientierenden Regierungsentwurf der Insolvenzordnung[158], die Einführung einer gesetzlichen Regelung eines DES auf.

Nachdem Zielsetzung und Anwendungsbereich des Diskussionsentwurfs sowie der grundsätzliche Ablauf des Reorganisationsverfahrens dargestellt wurden, sollen die einen DES betreffenden Regelungen des KredReorgG-E im darauffolgenden Abschnitt dargestellt und hinsichtlich ihrer Übertragbarkeit auf das allgemeine Insolvenzplanverfahren untersucht werden.

4.1 Zielsetzung und Anwendungsbereich

Der KredReorgG-E ist vor dem Hintergrund der internationalen Finanzmarktkrise entstanden. Gemäß § 1 Abs. 1 S. 1 KredReorgG-E dient das darin vorgesehene Reorganisationsverfahren der Stabilisierung des Finanzmarkts durch die Sanierung und Reorganisation systemrelevanter Kreditinstitute. Das Reorganisationsverfahren, das der KredReorgG-E vorsieht, fungiert dabei als milderes Mittel zu einer staatlichen Enteignung, die immer Ultima Ratio bleiben soll.[159] Indem den in der Krise befindlichen systemrelevanten Kreditinstituten frühzeitig ein rechtlicher Rahmen zur Verfügung gestellt wird, um in einem geordneten Verfahren eine Reorganisation möglichst einvernehmlich durchführen zu können, sollen solche Institute vor der Insolvenz bewahrt werden.[160]

Der Anwendungsbereich des KredReorgG-E ist, entsprechend der ordnungspolitischen Zielsetzung, verhältnismäßig eingeschränkt. Lediglich für sogenannte systemrelevante Kreditinstitute[161] ist er eröffnet (§ 1 Abs. 1 S. 2 KredReorgG-E). Nur 8,6 Prozent der Kreditinstitute in Deutschland wurden 2007 von der BaFin als mittel systemrelevant eingestuft. Hoch systemrelevant sind gar nur 1,7 Prozent der deutschen Kreditinstitute. Hinzu kommt,

---

[157] Vgl. *BMJ*, Erster Bericht der Kommission für Insolvenzrecht, LS 2.2.20, LS 2.4.9.2, LS 2.4.9.5, LS 2.4.9.6; siehe unten S. 57 ff.

[158] Vgl. Regierungsentwurf InsO, BT-Drucks. 12/2443, S. 199, 211, Anteilseigner waren in eingeschränktem Rahmen am Insolvenzplanverfahren Beteiligte.

[159] *BMJ*, Diskussionsentwurf KredReorgG, S. 27.

[160] *BMJ*, Diskussionsentwurf KredReorgG, S. 27.

[161] Eine Definition enthält § 1 Abs. 1 S. 2 KredReorgG-E.

dass die Einleitung des Reorganisationsverfahrens gem. § 2 Abs. 1 KredReorgG-E nur auf Initiative des betroffenen Kreditinstituts erfolgt.[162]

4.2 Grundsätzlicher Ablauf des Reorganisationsverfahrens

Das Reorganisationsverfahren des KredReorgG-E erfolgt grundsätzlich in zwei Stufen. Die erste Stufe wird gem. § 2 Abs. 1 KredReorgG-E durch Antragstellung des betreffenden Kreditinstituts bei der BaFin eingeleitet. Der vom Kreditinstitut vorgelegte Sanierungsplan[163] darf zunächst nur Maßnahmen enthalten, die geeignet sind, ohne einen Eingriff in Drittrechte eine Sanierung des Kreditinstituts zu erreichen – auf dieser Stufe kann damit kein DES ohne die Zustimmung der Anteilseigner durchgeführt werden[164]. Ist die Sanierung auf der Grundlage des Sanierungsplans nicht erfolgreich oder aussichtslos, zeigt der Reorganisationsberater dem zuständigen Gericht[165] die Reorganisationsbedürftigkeit des Kreditinstituts an und legt gleichzeitig einen von ihm erstellten oder bereits mit der Antragstellung eingereichten Reorganisationsplan vor (§ 6 Abs. 3 S. 1 KredReorgG-E). Dies ist insbesondere dann der Fall, wenn zur Sanierung des Kreditinstituts Kapitalmaßnahmen durchgeführt werden müssen, die die Hauptversammlung blockiert oder blockieren wird.[166]

Auf der zweiten Stufe erfolgt das Reorganisationsplanverfahren. Im Reorganisationsplan kann – unter dauerhaftem Eingriff in die Anteilseignerrechte – ein DES vorgesehen werden.[167] Da er strukturell und funktionell an den Insolvenzplan angelehnt ist[168], besteht der Reorganisationsplan genau wie der Insolvenzplan gem. § 7 Abs. 1 S. 1 KredReorgG-E aus einem darstellenden und einem gestaltenden Teil. Auch die Angaben zum Inhalt des darstellenden und gestaltenden Teils (§ 7 Abs. 1 S. 1 und 2 KredReorgG-E) decken sich weitgehend. Wie im Insolvenzplanverfahren findet im Reorganisationsplanverfahren eine Abstimmung über die Annahme des Reorganisationsplans in Gruppen statt.[169] Haben alle Gruppen gem. §§ 18 Abs. 1, 17 Abs. 3 KredReorgG-E der Annahme des Plans zugestimmt, erfolgt die gerichtliche

---

[162] *BMJ*, Diskussionsentwurf KredReorgG, S. 29.

[163] Vgl. § 2 Abs. 2 S. 1 KredReorgG-E.

[164] *BMJ*, Diskussionsentwurf KredReorgG, S. 28.

[165] Dies ist das für den Sitz der BaFin zuständige Oberlandesgericht, § 2 Abs. 3 S. 2 KredReorgG-E.

[166] *BMJ*, Diskussionsentwurf KredReorgG, S. 30.

[167] *BMJ*, Diskussionsentwurf KredReorgG, S. 28, 31.

[168] *BMJ*, Diskussionsentwurf KredReorgG, Begründung zu § 7, S. 40.

[169] Vgl. § 7 Abs. 2 S. 1 KredReorgG-E.

Bestätigung mittels Beschluss (§ 19 Abs. 1 KredReorgG-E). Die im gestaltenden Teil des Reorganisationsplans festgelegten Wirkungen treten gem. § 20 Abs. 1 mit der Rechtskraft der gerichtlichen Bestätigung ein. Sind gesellschaftsrechtliche Maßnahmen im gestaltenden Teil des Reorganisationsplans vorgesehen, tritt dann auch deren Wirkung für und gegen die Anteilseigner ein.

4.3 Den DES betreffende Regelungen im Detail

In diesem Abschnitt werden die Regelungen des KredReogG-E betrachtet, die die Durchführung eines DES im Reorganisationsverfahren betreffen. Der Unterabschnitt „Regelungsinhalt" beschreibt jeweils die Regelungen des KredReorgG-E. Gerade wegen der starken Anlehnung des Reorganisationsplanverfahrens an das Insolvenzplanverfahren[170] wird im Unterabschnitt „Transferfähigkeit" untersucht, ob und inwieweit die betrachtete Regelung in das Insolvenzplanverfahren übertragen werden kann.

4.3.1 Stellung des DES im Reorganisationsverfahren

4.3.1.1 Regelungsinhalt

Mit § 8 KredReorgG-E wurde eigens eine Vorschrift geschaffen, die die Umwandlung von Fremd- in Eigenkapital im Reorganisationsverfahren regelt. Gemäß § 8 Abs. 1 KredReorgG-E kann im gestaltenden Teil des Reorganisationsplans vorgesehen werden, dass Forderungen von Gläubigern in Gesellschaftsanteile umgewandelt werden. Neben einer Durchführung über gesellschaftsrechtliche Maßnahmen soll dabei auch eine Einziehung der Gesellschaftsanteile möglich sein.[171] Eine Aufnahme der notwendigen Kapitalmaßnahmen in den darstellenden Teil des Reorganisationsplans kann ebenfalls vorgesehen werden[172], die dann, wie auch im Insolvenzplanverfahren[173], lediglich der Information der Beteiligten dient. Die Kapitalmaßnahmen werden in diesem Fall getrennt vom Reorganisationsverfahren durchgeführt, einhergehend mit den bereits beschriebenen Problemen. Für den Planersteller besteht folglich ein Wahlrecht, in welchem Teil des Reor-

---

[170] *BMJ*, Diskussionsentwurf KredReorgG, S. 30.

[171] Vgl. *BMJ*, Diskussionsentwurf KredReorgG, Begründung zu § 8, S. 42.

[172] Vgl. *BMJ*, Diskussionsentwurf KredReorgG, Begründung zu § 8, S. 42.

[173] *Andres*/Leithaus, § 221 Rdnr. 2.

ganisationsplans er die für den DES notwendigen Kapitalmaßnahmen regeln bzw. erwähnen will.[174] Die Umwandlung von Forderungen ist aus verfassungsrechtlichen Gründen[175] nicht gegen den Willen des betroffenen Gläubigers möglich (§ 8 Abs. 1 S. 2 KredReorgG-E). Schließlich können gem. § 9 KredReorgG-E alle sonstigen, nach dem Gesellschaftsrecht zulässigen Maßnahmen, die geeignet sind die Reorganisation des Kreditinstituts zu fördern, in den gestaltenden Teil des Reorganisationsplans aufgenommen werden.

4.3.1.2 Transferfähigkeit

Im Gegensatz zum KredReorgG-E sollte eine allgemeine Regelung von der undifferenzierten Einziehung von Gesellschaftsanteilen absehen.[176] Vielmehr sollte ein DES nur durch Maßnahmen, die nach materiellem Gesellschaftsrecht durch Anteilseignerbeschlüsse möglich sind, durchgeführt werden können, was gesetzlicher Klarstellung bedürfte.[177] Erklärten sich Anteilseigner nicht zu einer Übertragung ihrer Anteile bereit, müsste ein DES mittels eines Kapitalschnitts durchgeführt werden. Das führt zu zweckmäßigen Ergebnissen: Der Kapitalschnitt „verschont" werthaltige Anteile und lässt Anteilseigner, deren Anteile entwertet sind und die nicht bereit sind neues Kapital einzubringen, ausscheiden.[178] Es ist nicht ersichtlich, welches Bedürfnis besteht, einen DES auf dem Weg einer zwangsweisen Anteilsübertragung durchzuführen. Der Kapitalschnitt bietet eine zweckmäßige Möglichkeit und vermeidet den Ausschluss von Inhabern noch werthaltiger Anteilsrechte. Da die Kapitalherabsetzung auf null dann unter Umständen ein dauerhaftes Ausscheiden der Anteilseigner zur Folge hat, ist Klarheit über die das Eigenkapital senkenden Wertminderungen und Verluste zu schaffen. Hierfür sollte eine gesetzliche Regelung erfolgen, die Transparenz schafft und bestehende Bewertungsspielräume so weit wie möglich einschränkt.[179]

---

[174] Vgl. *BMJ*, Diskussionsentwurf KredReorgG, Begründung zu § 8, S. 42.

[175] *BMJ*, Diskussionsentwurf KredReorgG, Begründung zu § 8, S. 42.

[176] Vgl. *Eidenmüller/Engert*, ZIP 2009, 541, 549; a. A. *Sassenrath*, ZIP 2003, 1517, 1529, der eine „Übertragung von Anteilsrechten durch den Insolvenzplan auf Gläubiger oder auf Dritte" befürwortet.

[177] Vgl. *Eidenmüller/Engert*, ZIP 2009, 541, 549, „[...] Gestaltungsmöglichkeiten systematisch richtig in einem neuen § 225a InsO [...]"; vgl. *Sassenrath*, ZIP 2003, 1517, 1529.

[178] Vgl. oben S. 9.

[179] Vgl. auch § 8 Abs. 1 S. 4 KredReorgG-E.

Eine Regelung de lege ferenda dürfte sich zudem nicht nur punktuell auf die vereinfachte Durchführung eines DES konzentrieren.[180] Für die nachhaltige Sanierung eines Unternehmensträgers sind neben einem DES immer auch weitere Maßnahmen zu ergreifen, die möglicherweise ebenso gesellschaftsrechtliche Implikationen aufweisen.[181] Daher sollten ähnlich dem KredReorgG-E flankierende bzw. ergänzende gesellschaftsrechtliche Maßnahmen erleichtert werden (z. B. der Austausch der Unternehmensleitung).[182] Die Möglichkeit, Gläubiger der Schuldnergesellschaft zu einer Umwandlung von Forderungen in Eigenkapital zu zwingen, ist aufgrund verfassungsrechtlicher Risiken auch hinsichtlich des Insolvenzplanverfahrens abzulehnen.[183]

4.3.2 Anteilseigner als Beteiligte des Reorganisationsverfahrens

4.3.2.1 Regelungsinhalt

Werden die für einen DES notwendigen Kapitalmaßnahmen in den gestaltenden Teil aufgenommen, sind Anteilseigner *Beteiligte* des Reorganisationsverfahrens.[184] Dies stellt im Vergleich zu dem als Orientierung dienenden Insolvenzplanverfahren ein absolutes Novum dar. Es ist explizit klargestellt, dass der gestaltende Teil des Reorganisationsplans gesellschaftsrechtliche Maßnahmen enthalten kann. Bislang ist umstritten, ob sich Anteilseigner im gestaltenden Teil des Insolvenzplans nach geltendem Recht hinsichtlich der Durchführung gesellschaftsrechtlicher Maßnahmen unterwerfen können.[185] Wird der DES in den gestaltenden Teil des Reorganisationsplans aufgenommen, treten die Wirkungen der entsprechenden Kapitalmaßnahmen automatisch mit der Rechtskraft der gerichtlichen Bestätigung des Reorganisationsplans ein.[186] Neben der Annahme des Plans durch die verschiedenen

---

[180] Vgl. *Schmidt*, Gutachten 54. DJT, S. D 77.

[181] Vgl. auch § 1123 (b) (6) BC, der jede Planregelung zulässt, die nicht dem Titel 11 des United States Code widerspricht; vgl. *Redeker*, BB 2007, 673, 674; vgl. *Toth-Feher/Schick*, ZIP 2004, 491, 495.

[182] Ähnlich schon das *BMJ*, Erster Bericht der Kommission für Insolvenzrecht, LS 2.4.9.2, S. 278, der eine Aufnahme aller nach materiellem Gesellschaftsrecht zulässigen Maßnahmen im *darstellenden* Teil des Reorganisationsplans vorsah; vgl. *Flessner*, Sanierung, S. 243 spricht sich dafür aus, alle sanierungsdienlichen Maßnahmen zuzulassen.

[183] Vgl. § 230 Abs. 2 InsO; *BMJ*, Erster Bericht der Kommission für Insolvenzrecht, LS 2.4.9.3, S. 279; *Eidenmüller/Engert*, ZIP 2009, 541, 552; *Kautzsch*, Unternehmenssanierung im Insolvenzverfahren, S. 114; *Schmidt*, Gutachten 54. DJT, S. D 82; *Uhlenbruck*, KTS 1981, 513, 563.

[184] *BMJ*, Diskussionsentwurf KredReorgG, Begründung zu § 8, S. 42.

[185] Siehe oben S. 13.

[186] Vgl. § 20 Abs. 1 S. 1 KredReorgG-E.

Gruppen, die gegebenenfalls auch für Anteilseigner fingiert werden kann[187], bedarf es keiner weiteren Mitwirkungshandlungen der Gesellschaftsorgane oder der Anteilseigner.[188]

4.3.2.2 Transferfähigkeit

Um die Frage, ob Anteilseigner als am Insolvenzplanverfahren Beteiligte behandelt werden sollten, so dass durch den Insolvenzplan ein Eingriff in ihre Rechte möglich würde, wird in Wissenschaft und Literatur seit Mitte der achtziger Jahre des vergangenen Jahrhunderts gestritten. Zahlreiche Stimmen im Schrifttum sprechen sich für eine Aufnahme der Anteilseigner als Beteiligte im Insolvenzplanverfahren de lege ferenda aus.[189]

Als Hauptargument wird dabei die Wertlosigkeit der Anteilseignerrechte im Insolvenzverfahren angeführt. Wird dies für den Fall behauptet, dass das verbleibende Gesellschaftsvermögen nicht mehr zur vollständigen Deckung der Gläubigeransprüche ausreicht, die Gesellschaft also rechnerisch überschuldet[190] ist, kann – ohne Beachtung eines Fortführungswerts – sicherlich nicht widersprochen werden.[191] Teilweise wird aber undifferenziert von der Anteilswertlosigkeit im Insolvenzfall gesprochen.[192] Auch wenn Gesellschaftsanteile in der Insolvenz in aller Regel vollständig entwertet sind, kann es insbesondere bei Insolvenzverfahren aufgrund (drohender) Zahlungsunfähigkeit Fälle geben, in denen die Anteile noch einen Restwert aufweisen.[193] Hier muss nicht zwangsläufig auch eine Aufzehrung des Eigenkapi-

---

[187] Siehe unten S. 47 ff.

[188] *BMJ*, Diskussionsentwurf KredReorgG, Begründung zu § 8, S. 41.

[189] Bezüglich eines DES im Insolvenzplanverfahren speziell *Eidenmüller/Engert*, ZIP 2009, 541, 549; in allgemeiner Hinsicht *Balz*, S. 68; *Brüning*, S. 248 ff.; *Maesch*, S. 274; *Sassenrath*, ZIP 2003, 1517, 1528; *Westphal/Janjuah*, Sonderbeil. z. ZIP Heft 3/2008, 1, 16; a. A. *BMJ*, Erster Bericht der Kommission für Insolvenzrecht, S. 279.

[190] Vgl. *Uhlenbruck*, in: Insolvenzrechtshandbuch., § 6 Rdnr. 14.

[191] *BMJ*, Erster Bericht der Kommission für Insolvenzrecht, LS 2.2.20, S. 192; Nerlich/Römermann/*Braun*, § 217 Rdnr. 36; *Eidenmüller*, ZGR 2001, 680, 688; *Fassbach*, S. 181 f.; *Müller*, S. 356; *Schwalme*, DZWIR 2004, 230, Fn. 24; wohl differenzierend: *Balz*, ZIP 1988, 273, 290, „[...] Eigentümerrecht *regelmäßig* [...] entwertet [...]." (Hervorh. d. Verf.); Regierungsentwurf InsO, BT-Drucks. 12/2443, S. 99, „Beteiligte deren Rechte in der Insolvenz *normalerweise* entwertet sind also [...] der Schuldner und seine Eigenkapitalgeber [...]." (Hervorh. d. Verf.).

[192] *Brüning*, S. 337; *Gravenbrucher-Kreis*, Sonderbeil. z. ZIP Heft 15/1986, 1, 11; *Jaffé*, in: Kölner Schrift (3. Aufl.), S. 743, 746; *Noack*, Gesellschaftsrecht, Rdnr. 123; *Rattunde*, ZIP 2003, 596, 600.

[193] A. A. *Eidenmüller*, ZIP 2007, 1729, 1736, der wegen Informationsasymmetrien auf den Kapitalmärkten und entsprechender Fehlinformation der kreditgebenden Banken davon ausgeht, dass bei drohender Zahlungsunfähigkeit zumeist bereits Überschuldung besteht.

tals vorliegen.[194] Vor allem vor dem Hintergrund, dass die überwiegende Anzahl der Insolvenzanträge wegen Zahlungsunfähigkeit von Gläubigerseite erfolgt[195], muss dieser Umstand zu einer differenzierenden Regelung hinsichtlich der Einbeziehung der Anteilseigner führen. Ansonsten könnte ein Anreiz bestehen, den vereinfachten DES zum Herausdrängen von unliebsamen Anteilseignern zu nutzen.[196] Im Übrigen wäre wohl kein Anteilseigner bzw. die durch die Anteilseigner beeinflussten Vertretungsorgane der Gesellschaft[197] bereit, einen frühen Insolvenzantrag wegen drohender Zahlungsunfähigkeit zu stellen, wenn eine vom Anteilswert unabhängige Ausschlussmöglichkeit bestünde.

Im Schrifttum sprechen sich allerdings Stimmen dafür aus, betreffende Gesellschaftsanteile unter der Fortführungsprognose zu bewerten, wodurch bei bestehender Sanierungsfähigkeit der Gesellschaft nicht von der Anteilswertlosigkeit ausgegangen werden könne.[198] Wären die Anteile tatsächlich wertlos, bestünde kein Bedürfnis, sie an Gläubiger abzutreten.[199] Eine Bewertung der Anteile[200] am Stamm- bzw. Grundkapital[201] im bilanziellen Sinn, bei der der Grundsatz der Unternehmensfortführung[202] Anwendung finden könnte[203], kann kaum gemeint sein. Denn das Stamm- bzw. Grundkapital ist gem. § 272 Abs. 1 S. 2 HGB stets mit dem Nennbetrag anzusetzen. Ist es durch Verluste aufgezehrt, besteht kein Bewertungsspielraum.[204] Lediglich bei der Bewertung des Gesellschaftsvermögens (Aktiva) besitzt der Grundsatz der Unternehmensfortführung auch im Insolvenzplanverfahren Relevanz, wenn mit einer Fortführung des Unternehmens zu rechnen ist.[205] Gleichwohl besteht bereits vor Eröffnung eines Insolvenzplanverfahrens die

---

194 *BMJ*, Diskussionsentwurf KredReorgG, Begründung zu § 8, S. 42 f.; *Uhlenbruck*, NZI 2008, 201, 203; vgl. *Ulmer*, ZHR 149 (1985), 541, 557 f.

195 *Möhlmann-Mahlau/Schmitt*, NZI 2009, 19, 23.

196 Vgl. *Smid/Rattunde*, Rdnr. 6.26.

197 Vgl. § 119 AktG, § 37 Abs. 1 GmbHG; *Müller*, S. 367.

198 Vgl. *Schmidt*, Gutachten 54. DJT, S. D 83; vgl. Uhlenbruck/*Lüer*, § 217 Rdnr. 18.

199 Vgl. *Balz*, S. 67; vgl. Uhlenbruck/*Lüer*, § 217 Rdnr. 18.

200 Aktien bei der AG (vgl. §§ 1 Abs. 2, 8 AktG) und Geschäftsanteile bei der GmbH (vgl. § 5 GmbHG).

201 Als „gezeichnetes Kapital" bezeichnet, Beck'sches Steuer- und Bilanzrechtslexikon/*Weber*, Stichwort: Gezeichnetes Kapital, Rdnr. 3 f.

202 Vgl. § 252 Abs. 1 Nr. 2 HGB für die Rechnungslegung nach dem HGB.

203 Vgl. *Braun*, in: FS Fischer, 2008, S. 53; vgl. *Winnefeld*, Bilanz-HB, Kapitel D, Rdnr. 1770 ff.

204 Vgl. Beck'sches Steuer- und Bilanzrechtslexikon/*Weber*, Stichwort: Gezeichnetes Kapital, Rdnr. 3 f.

205 *Bayer*, Insolvenzrechnungslegung, S. 75 f.

Möglichkeit, das Gesellschaftsvermögen zu seinen Fortführungswerten zu aktivieren. Im Insolvenzplanverfahren lässt sich damit über eine Bewertung der Aktiva in der Regel keine Änderung am Status der rechnerischen Überschuldung erreichen. Der Hinweis auf den Fortführungswert einer Beteiligung darf also nicht im bilanziellen Sinn verstanden werden. Es erscheint jedoch widersinnig, Anteilseignern, deren Anteile nach der Liquidationsprognose wertlos sind, den Fortführungswert der Schuldnergesellschaft zuzusprechen, der erst durch Reorganisationsopfer und -anstrengungen der Gläubiger entsteht.[206] Ein den Alt-Anteilen immanentes „Verwendungs- und Entwicklungspotential"[207] wird in der Insolvenz gleichwohl erst durch einen entsprechenden Reorganisationsbeitrag aktiviert. Es geht im Sanierungsplanverfahren nicht um die Sanierung der Anteilseigner, sondern um die Sanierung des Unternehmensträgers[208] – gerade der „Nassauer"-Effekt[209] soll vermieden werden. Im Gegenteil: die Reorganisationslasten sollten an sich von denjenigen getragen werden, die für die Situation des Unternehmens verantwortlich sind.[210] Vor Eröffnung und sogar noch im Insolvenzverfahren[211] haben es die Anteilseigner zudem in der Hand, mittels Refinanzierungsmaßnahmen die Insolvenz abzuwenden bzw. das Verfahren durch Beseitigung des Eröffnungsgrunds zu beenden und so ihrem alten Anteil entsprechend am Fortführungswert des Unternehmens beteiligt zu werden.[212] Entscheiden sie sich dagegen oder sind sie nicht in der Lage, erhalten sie im Regelverfahren einen Liquidationsüberschuss (§ 199 InsO), falls ihre Anteile noch werthaltig sind. Besteht kein Restwert, gehen sie leer aus. Im Regelverfahren sind Anteilseigner also nachrangige Gläubiger der insolventen Gesellschaft.[213] Dem widerspricht es, Inhabern von Gesellschaftsanteilen, die nach der Liquidationsprognose wertlos sind, im Insolvenzplanverfahren den Fortführungswert der Gesellschaft zuzusprechen.

---

[206] *Kilger*, ZRP 1984, 46, 51; *Westphal/Janjuah*, Sonderbeil. z. ZIP Heft 3/2008, 1, 14; vgl. *Ehlers*, ZInsO 2009, 320, 321; vgl. *Müller*, S. 364; a. A. *Kluth*, ZInsO 2002, 258, 263.

[207] *Kluth*, ZInsO 2002, 258, 263.

[208] *Sassenrath*, ZIP 2003, 1517, 1526 f.

[209] *Kluth*, ZInsO 2002, 258.

[210] Vgl. *Brüning*, S. 119.

[211] Vgl. § 212 InsO.

[212] *Sassenrath*, ZIP 2003, 1517, 1524; *Westphal/Janjuah*, Sonderbeil. z. ZIP Heft 3/2008, 1, 16.

[213] Vgl. §§ 39 Abs. 1 Nr. 5, 199 InsO; *Maesch*, S. 274.

Anders stellt sich die Situation dar, wenn Anteilseigner einen Reorganisationsbeitrag[214] erbringen, z. B. weil sie den Insolvenzplan mit einem DES als planvolles Reorganisationsinstrument nutzen wollen.[215] Dieser Beitrag kann einerseits in einem verbleibenden Wert der Gesellschaftsanteile oder aber in der Leistung einer neuen Kapitalbeteiligung bestehen. Anteilseigner mit noch werthaltigen Anteilen bleiben nach der hier zu entwickelnden Regelung bei der Durchführung eines DES am Unternehmen beteiligt, partizipieren somit entsprechend ihrer durch den Kapitalschnitt geminderten Beteiligung am Fortführungswert. Auch bei Wertlosigkeit der Gesellschaftsanteile soll Anteilseignern die Möglichkeit eröffnet sein, durch Leistung einer neuen Kapitalbeteiligung, entsprechend am Fortführungswert zu partizipieren.[216] Da Anteilseignern mit einem Anteilsrestwert ebenfalls ein Verbleib in der Gesellschaft ermöglicht wird, ist dies folgerichtig. Um verfassungsrechtliche Bedenken[217] auszuräumen, besteht so auch die Möglichkeit, die durch Gesellschaftsanteile vermittelten Verwaltungsrechte[218] zu erhalten. Im Bezug auf die im Rahmen des DES einzubringenden Forderungen sollte das Bezugsrecht jedoch gesetzlich ausgeschlossen werden. Richtig ist also, dass Anteile dann als wertlos angesehen werden müssen, wenn das verbleibende Gesellschaftsvermögen nicht mehr zur vollständigen Deckung der Gläubigeransprüche ausreicht *und* die Anteilseigner nicht bereit oder in der Lage sind, einen Reorganisationsbeitrag zu leisten[219]. Anteilseignern steht der Fortführungswert dann nicht zu.[220] Die Legitimation eines Eingriffs in die Anteilseignerautonomie liegt in dieser Situation in dem Umstand, dass die Alternative zu einer von den Gesellschaftsgläubigern ermöglichten Reorganisation allein in der Liquidation der Gesellschaft liegt, bei der die Anteilseigner leer ausgehen würden.[221] Wie im weiteren Verlauf der Arbeit aufgezeigt wird, ist ein Eingriff in die Anteilseignerautonomie jedoch auch dann

---

[214] Vgl. *Patzschke*, S. 55.

[215] Vgl. die „new value exception rule" des U.S.-Reorganisationsrechts, siehe oben S. 18.

[216] Vgl. *Ehlers*, ZInsO 2009, 320, 325.

[217] Vgl. *BMJ*, Diskussionsentwurf KredReorgG, Begründung zu § 18, S. 50.

[218] Vgl. für die AG MünchKomm AktG Bd. I/*Heider*, § 11 Rdnr. 11 ff. m. w. N.; vgl. für die GmbH Roth/*Altmeppen*, § 14 Rdnr. 20.

[219] Vgl. *Erster Bundeskongress „Sanierung nach Plan"*, ZInsO 2009, 656; vgl. *Flessner*, ZRP 1982, 244, 246.

[220] Vgl. *Flessner*, Sanierung, S. 280 spricht im Zusammenhang mit einer Abfindung der Anteilseigner vom „angemessenen Liquidationswert".

[221] Vgl. *Kilger*, ZRP 1984, 46, 51.

legitim, wenn die Gesellschaftsanteile einen Restwert aufweisen oder die Anteilseigner gewillt sind eine neue Kapitalbeteiligung zu erbringen.
Aus ähnlichen Gründen vermag auch die Übernahme von unternehmerischem Risiko bzw. von Verlustrisiko[222] durch die Anteilseigner *vor* der Insolvenz nicht die unterschiedliche Planunterworfenheit von Gläubigern und Anteilseignern zu rechtfertigen.[223] Dieses Argument verfängt zur Rechtfertigung eines höheren Renditeanspruchs der Anteilseigner außerhalb der Insolvenz. In der Insolvenz ist das unternehmerische Risiko derweilen in der Regel vollständig realisiert: das Fremdkapital übersteigt das Gesellschaftsvermögen. Es verbleibt kein dem Geschäftsrisiko exponiertes Kapital der Anteilseigner. Nur durch eine neue Kapitalbeteiligung oder einen Restwert ihrer Anteile sind Anteilseigner (erneut) dem unternehmerischen Risiko bzw. dem Verlustrisiko ausgesetzt.
Das Ergebnis, dass den Anteilseignern der Fortführungswert der Schuldnergesellschaft nicht unentziehbar zugeordnet werden darf, wird daneben von anderer Seite gestützt. Auch wenn der insolvente Rechtsträger reorganisationsfähig sein sollte, haben Anteilseigner bei der Verwertung des Schuldnervermögens im Regelverfahren oder der übertragenden Sanierung keine Möglichkeit auf den Fortführungswert zuzugreifen. Allein die Gläubigerversammlung entscheidet über den Fortgang des Verfahrens.[224] Die Anteilseigner können die Gläubiger nicht daran hindern sich für eine Liquidation im Insolvenzregel- oder Insolvenzplanverfahren zu entscheiden. Selbst die Übertragung der gesamten Vermögenswerte des Rechtsträgers auf einen anderen Rechtsträger im Rahmen eines „asset deal" ist ohne ihre Zustimmung möglich.[225] Die neben den Vermögensrechten bestehenden Verwaltungsrechte[226] – das Selbstbestimmungsrecht[227] – der Anteilseigner gehen dabei endgültig und entschädigungslos unter.[228]

---

[222] *Müller*, S. 368.
[223] KPB/*Otte*, § 217 Rdnr. 60.
[224] Vgl. § 157 InsO.
[225] *Ehlers*, ZInsO 2009, 320, 321.
[226] Vgl. für die AG MünchKomm AktG Bd. I/*Heider*, § 11 Rdnr. 11 ff. m. w. N.; vgl. für die GmbH Roth/*Altmeppen*, § 14 Rdnr. 20.
[227] *Müller*, S. 366.
[228] *Braun*, in: FS Fischer, 2008, S. 53, 69.

Die Schlechterstellung der Fortführung des Unternehmensträgers als Verwertungsmöglichkeit[229], die durch eine mangelnde Eingriffsmöglichkeit in Anteilseignerrechte bedingt ist, widerspricht der Intention des Gesetzgebers, der bei Einführung der Insolvenzordnung eine gleichrangige Stellung der verschiedenen Verwertungsarten vorsah.[230] Auch in der Praxis deutet die geringe Anzahl der tatsächlich durchgeführten Insolvenzplanverfahren[231] auf eine Schlechterstellung hin.[232] Gerade um die Attraktivität der Reorganisation in der Praxis als alternative Verwertungsart zur Liquidation und der in Zeiten der Finanzmarktkrise weniger interessanten[233] übertragenden Sanierung zu steigern, sollte der DES daher im Insolvenzplanverfahren durch die Einbeziehung der Anteilseigner in den Kreis der Beteiligten gem. § 221 InsO vereinfacht werden.[234] Das gilt auch deshalb, da der Verzicht eines gesetzlichen Typenzwangs der Verwertungsarten[235] nicht durch Schlechterstellung einer Verwertungsmöglichkeit faktisch unterlaufen werden sollte. Unabhängig von der gesetzgeberischen Prämisse der Gleichwertigkeit der Verwertungsalternativen ist dabei der Umstand zu beachten, dass die übertragende Sanierung nicht in der Lage ist, Gläubigern den Fortführungswert des tatsächlich fortgeführten Unternehmens stets vollständig zugänglich zu machen.[236] Zu Fortführungswertverlusten kommt es vor allem, wenn bestimmte Rechte an den Unternehmensträger gebunden sind.[237] Die optimale Befriedigung der Gläubiger, zu der auch der vollständige Fortführungswert der Schuldnergesellschaft zählen sollte[238], ist in diesem Fall nur durch deren Beteiligung an den zukünftigen Überschüssen des sanierten Rechtsträgers zu erreichen.[239] *Schmidts* Ansicht, die übertragende Sanierung sei „kein

---

[229] A. A. unter Verkennung der Schlechterstellung *Ulmer*, in: Neuordnung, S. 119, 120 f.

[230] Regierungsentwurf InsO, BT-Drucks. 12/2443, S. 77 f.; *Braun/Uhlenbruck*, Unternehmensinsolvenz, S. 38; kritisch *Kluth*, ZInsO 2002, 158, 259 ff.

[231] Zwischen 1999 und 2007 wurden bei 171.384 eröffneten Insolvenzverfahren lediglich 1.505 Insolvenzpläne eingereicht, *Kranzusch*, IfM Präsentation, Folie 20.

[232] *Brüning*, S. 207; FK-InsO/*Jaffé*, § 217 Rdnr. 83; *Sassenrath*, ZIP 2003, 1517, 1527.

[233] *Fröhlich/Sittel*, ZInsO 2009, 858, 860.

[234] *BMJ*, Diskussionsentwurf KredReorgG, Begründung zu § 8, S. 41.

[235] Regierungsentwurf InsO, BT-Drucks. 12/2443, S. 78; MünchKomm InsO Bd. I/*Ganter*, Vor §§ 2-10 Rdnr. 7.

[236] Vgl. *Schmidt*, Wege zum Insolvenzrecht der Unternehmen, S. 141.

[237] *Gravenbrucher Kreis*, ZIP 1989, 468, 471; KPB/*Otte*, § 217 Rdnr. 60.

[238] *Braun*, in: FS Fischer, 2008, S. 53, 63.

[239] *Ehlers*, ZInsO 2009, 320, 322.

gleichwertiger Ersatz für die Sanierung der unternehmenstragenden Gesellschaft"[240], ist daher – bezogen auf diese Konstellationen – zuzustimmen. Laut *Schmidt* stehe ein Anteilseignerausschluss, wie er von der Insolvenzrechtskommission vorgesehen war, mit dem Bestreben im Widerspruch, Anteilseigner zur frühzeitigen Stellung des Insolvenzantrags zu bewegen.[241] Tatsächlich könnten Anteilseigner[242] bzw. die durch sie beeinflusste Geschäftsleitung[243], die nicht bereit sind, einen Reorganisationsbeitrag zu erbringen, durch eine Ausschlussmöglichkeit davon abgehalten werden, einen Insolvenzantrag wegen drohender Zahlungsunfähigkeit[244] zu stellen, wodurch die Voraussetzungen für eine Reorganisation verschlechtert werden könnten.[245] „Es ist wie bei einer Krankheit: Je rechtzeitiger sie erkannt wird und je frühzeitiger Heilungsmaßnahmen ergriffen werden, umso größer sind die Heilungschancen."[246] Eine Initiative der Gläubigerversammlung[247] kann aufgrund der problematischen Durchführung einer Reorganisation zu diesem späten Zeitpunkt meist kein Ersatz sein.[248] So könnte die Bestrebung, durch die Möglichkeit eines Eingriffs in Anteilseignerrechte einen DES zu vereinfachen, um so die Rolle des Insolvenzplanverfahrens als Sanierungsinstrument zu stärken und Wertvernichtung zu vermeiden[249], in ihr Gegenteil verkehrt werden.[250] Im Unterschied zum U.S.-Reorganisationsrecht mangelt es dem deutschen Recht an einem exklusiven Planvorlagerecht des Schuldners zu Beginn des Insolvenzplanverfahrens[251], wodurch dieser Effekt verstärkt werden könnte.[252] Tatsächlich wurden einer Untersuchung des IfM Bonn zufolge allerdings nur zwei Prozent aller Insolvenzanträge im Krisen-

---

[240] Vgl. *Balz*, in: Neuordnung, S. 1, 11; vgl. *Schmidt*, Gutachten 54. DJT, S. D 84.

[241] *Schmidt*, Gutachten 54. DJT, S. D 83.

[242] Wenn es sich um Gesellschafter-Geschäftsführer handelt.

[243] *Müller*, S. 367.

[244] Durch diesen Insolvenzgrund wird gerade auch die Erhaltung Not leidender Unternehmen intendiert, FK-InsO/*Schmerbach*, § 18 Rdnr. 1.

[245] Eine Untersuchung des IfM Bonn ergab, dass 57 % der insgesamt untersuchten Insolvenzpläne von der Unternehmensleitung eingereicht wurden, *Kranzusch*, ZInsO 2007, 804, 806.

[246] *Uhlenbruck*, § 18 Rdnr. 1; vgl. *Fröhlich/Sittel*, ZInsO 2009, 858, 860.

[247] Vgl. § 157 S. 2 InsO.

[248] Vgl. *Kranzusch*, ZInsO 2007, 804, 806.

[249] Hinsichtlich der Wertvernichtung wegen des Anreizes für Anteilseigner in Insolvenznähe Projekte mit hohem Risiko einzugehen, *Zirener*, Sanierung in der Insolvenz, S. 83 f.

[250] Vgl. *Maesch*, S. 274 weist auf diesen Aspekt bei der gesellschaftsrechtlichen Treuepflicht hin.

[251] Im U.S.-Reorganisationsverfahren ist innerhalb der ersten 120 Tage nach Konkurseröffnung nur der Schuldner zur Planvorlage berechtigt, § 1121 (a) und (b) BC.

[252] Vgl. *Müller*, S. 367.

stadium einer drohenden Zahlungsunfähigkeit gestellt.[253] Eine Umfrage unter 102 Insolvenzverwaltern im Jahr 2009 ergab, dass 66 Prozent der Anträge zu spät erfolgte.[254] Bei genauer Betrachtung handelt es sich also nicht um ein Argument gegen die Einbeziehung der Anteilseigner, sondern vielmehr um einen Hinweis auf weiteren gesetzgeberischen Handlungsbedarf. Sind Anteilseigner hingegen bereit, einen Reorganisationsbeitrag zu übernehmen, ist auch ein entgegengesetzter Effekt denkbar: Um die Vorteile der Reorganisation im Insolvenzplanverfahren unter Anwendung eines DES zu nutzen, könnten Anteilseigner bereits bei Eintritt einer Krisensituation motiviert sein, den Insolvenzantrag zu stellen, um dann durch Leistung eines entsprechenden Reorganisationsbeitrags ihren Gesellschaftsanteil zu erhalten.

Vereinzelt wird die Auffassung vertreten, eine zwangsweise Einbindung der Anteilseigner sei nicht notwendig und mit der vom Gesetzgeber beabsichtigten Insolvenzabwicklung durch Verhandlungen aller Beteiligten nicht vereinbar, da häufig nur der auf dem Verhandlungswege erzielte Konsens mit den Anteilseignern die Chance einer optimalen Realisierung möglicher Reorganisationsgewinne eröffne.[255] Zwar weist der Gesetzgeber auf die Bedeutung privatautonomer Verhandlungen hin, nennt aber gleichzeitig auch den Maßstab der optimalen Realisierung der Verwertungsentscheidung: die Pareto-Effizienz.[256] Mit der Obstruktionsmöglichkeit die den Anteilseignern durch die gesellschaftsrechtliche Abstinenz der Insolvenzordnung in die Hand gegeben ist, haben es Anteilseigner jedoch immer, wenn das Pareto-Optimum beispielsweise aufgrund unübertragbarer Vertragsbeziehungen ausschließlich in einer Sanierung des Rechtsträgers liegt, in der Hand, dieses Optimum zu stören, indem sie sich auf Kosten der Gläubiger besser stellen[257].

Jedenfalls könnten durch Einbeziehung der Anteilseigner als Beteiligte die derzeit bestehenden Abstimmungsschwierigkeiten zwischen Gesellschafts- und Insolvenzrecht behoben werden. Die Verknüpfung der gesellschaftsrechtlichen Maßnahmen mit anderen im Insolvenzplan vorgesehen Maß-

---

[253] *Kranzusch*, ZInsO 2007, 804, 807.

[254] *Bitter/Röder*, ZInsO 2009, 1283, 1287.

[255] *Patzschke*, S. 34; vgl. *Ulmer*, in: Neuordnung, S. 119, 121.

[256] Regierungsentwurf InsO, BT-Drucks. 12/2443, S. 78.

[257] Kreft/*Flessner*, § 221 Rdnr. 4.

nahmen wäre so möglich.[258] Wegen der einheitlichen Bestätigung der im gestaltenden Teil festgelegten Maßnahmen entfiele das „Vorleistungsrisiko" der Anteilseigner. Gesellschaftsrechtliche Maßnahmen würden in „die Bündelung der Gestaltungswirkung in einem einheitlichen Insolvenzplanverfahren"[259] aufgenommen.[260]

Auch stehen die unterschiedlichen Zielsetzungen des Reorganisationsverfahrens des KredReorgG-E und des Insolvenzplanverfahrens[261] einer derartigen Einbindung der Anteilseigner nicht entgegen. Im Gegenteil: Will man das Ziel der optimalen Gläubigerbefriedigung konsequent verwirklichen, muss den Gläubigern im Rahmen der Reorganisation über ein Insolvenzplanverfahren der uneingeschränkte Zugriff auf den Fortführungswert des Schuldnervermögens möglich sein. Gerade weil die gesetzgeberische Entscheidung, die gesellschafts- und verbandsrechtliche Organisation des Schuldners nicht zum Haftungsgegenstand zu machen[262], mit dem in § 1 S. 1 InsO verankerten Hauptziel der Insolvenzordnung eigenartig kontrastiert, sollte sie nicht auf die Ebene eines unumstößlichen Dogmas erhoben werden. Dies gilt weiter deswegen, weil in einem Insolvenzplanverfahren die Anteilseigner bereits „verspielt" haben[263], während ein Kreditinstitut, das das Reorganisationsverfahren nach dem KredReorgG-E einleiten würde, noch vor der Insolvenz stünde[264].

Im Ergebnis spricht die überwiegende Zahl der Argumente für eine Einbeziehung der Anteilseigner als Beteiligte des Insolvenzplanverfahrens, um so die Basis für eine Beseitigung der ihnen eingeräumten Obstruktionsmöglichkeit zu bilden.

4.3.2.3 Alternative: Zugriff des Insolvenzverwalters auf Gesellschaftsanteile

Braun ist der Auffassung, dem Insolvenzverwalter stehe bereits nach geltendem Recht ein schuldrechtlicher Anspruch auf die Abtretung der Anteile der

---

[258] *Westphal/Janjuah*, Sonderbeil. z. ZIP Heft 3/2008, 1, 16.

[259] *Patzschke*, S. 45.

[260] Vgl. *Flessner*, Sanierung, S. 244.

[261] Stabilität des Finanzmarktes (§ 1 Abs. 1 KredReorgG-E) und optimale Gläubigerbefriedigung (§ 1 S. 1 InsO).

[262] Regierungsentwurf InsO, BT-Drucks. 12/2443, S. 83.

[263] *Eidenmüller*, ZGR 2001, 680, 709.

[264] Vgl. unten S. 48 f.

Anteilseigner zur Soll-Masse zu.[265] In die gleiche Richtung geht *Jaffés* Vorschlag, der Insolvenzverwalter solle Gesellschaftsanteile im Insolvenzplanverfahren verwerten können, wenn dies zur Reorganisation eines schuldnerischen Unternehmens erforderlich ist und die Anteilseigner im Vergleich zur Regelinsolvenz nicht schlechter stellt.[266] Aufgrund seiner Tätigkeit an der Schnittstelle zwischen gesellschaftsrechtlicher Organisation der Schuldnergesellschaft und verfahrensrechtlicher Organisation der Insolvenz[267] liegt der Gedanke der „Anteilsverwertung" durch den Insolvenzverwalter nahe. Bei Betrachtung der folgenden Umstände ergibt sich jedoch ein abweichendes Bild. Mit Eröffnung des Insolvenzverfahrens geht gem. § 80 Abs. 1 InsO das Verwaltungs- und Verfügungsrecht über das zur Insolvenzmasse gehörende Vermögen (§ 35 InsO) des Schuldners auf den Insolvenzverwalter über. Jedoch gehören gerade die Gesellschaftsanteile nicht zum Vermögen des Schuldners[268], sondern in die Masse einer möglichen Insolvenz des Anteilseigners[269]. Es ist demgemäß de lege lata äußerst widersprüchlich, Gesellschaftsanteile aus dem Vermögen der Anteilseigner durch den Insolvenzverwalter zur Soll-Masse ziehen zu lassen.[270] Gegen eine derartige Regelung de lege ferenda spricht vor allem, dass dem Insolvenzverwalter die „Verwertungsbefugnis" über nicht zur Insolvenzmasse gehörendes, fremdes Anteilseigentum von Gesetzes wegen – unabhängig von der Restwerthaltigkeit – übertragen würde. Dies stellt im Vergleich zu den hier vorgesehenen Regelungen einen ungleich stärkeren Eingriff in das Anteilseigentum dar. Im Wesentlichen mangelte es diesem Eingriff an der Legitimation durch die Zustimmung der am Insolvenzverfahren Beteiligten, die, wie sogleich dargestellt wird, ein wesentliches Element des zu entwickelnden Regelungskonzepts darstellt.[271]

---

[265] Nerlich/Römermann/*Braun*, § 217 Rdnr. 41; *Braun*, in: FS Fischer, 2008, S. 53, 69 f.; so auch *Noack*, in: FS Röhricht, 2005, S. 455, 460.

[266] FK-InsO/*Jaffé*, § 217 Rdnr. 84.

[267] Vgl. *Schmidt*, Wege zum Insolvenzrecht der Unternehmen, S. 145.

[268] *Brüning*, S. 132; *Kluth*, ZInsO 2002, 258; *Uhlenbruck*, in: FS Kirchhof, 2003, S. 479, 481.

[269] MünchKomm InsO Bd. I/*Lwowski*, § 35 Rdnr. 240, 262.

[270] *Ehlers*, ZInsO 2009, 320, 323; *Eidenmüller*, ZGR 2001, 680, 687; *Jaffé/Friedrich*, ZIP 2008, 1849, 1856; vgl. Regierungsentwurf InsO, BT-Drucks. 12/2443, S. 83, 210.

[271] Vgl. Regierungsentwurf InsO, BT-Drucks. 12/2443, S. 208.

4.3.3 Anteilseignergruppe

4.3.3.1 Regelungsinhalt

Werden im Plan Maßnahmen vorgesehen, für die nach den gesellschaftsrechtlichen Bestimmungen ein Beschluss der Hauptversammlung erforderlich oder im KredReorgG-E vorgesehen ist, muss eine eigene Anteilseignergruppe gebildet werden, die dann gesondert in einer Hauptversammlung über den Reorganisationsplan abstimmt (§§ 7 Abs. 2 S. 4, 12 Abs. 1 KredReorgG-E).[272] Die Abstimmung über den Reorganisationsplan soll auf der einberufenen Hauptversammlung den einzigen Tagesordnungspunkt bilden. Eine Abstimmung ist außerdem nur hinsichtlich der Gesamtheit der im Reorganisationsplan vorgesehenen Maßnahmen möglich, da die Einzelmaßnahmen nur als Gesamtkomplex sinnvoll umsetzbar seien.[273]

4.3.3.2 Transferfähigkeit

4.3.3.2.1 Allgemeine Untersuchung

Westphal/Janjuah sprechen sich gegen die grundsätzliche Bildung einer Anteils-eignergruppe aus, da die Befugnis des Eingriffs in die Anteilseignerrechte von Gesetzes wegen gerade vorausgesetzt werden solle und somit keine zusätzliche Legitimationswirkung vom Beschluss der Gesellschaftergruppe ausgehe.[274] Ähnlich argumentiert *Ehlers,* der auf den Zwangseingriff in die Anteilseignerrechte und die damit verbundene Verzichtbarkeit einer zusätzlichen Gruppenbildung verweist.[275] Gleichwohl würde die Abstimmung aller Gruppen über den Insolvenzplan bei gleichzeitiger Einbeziehung der Anteilseigner als Abstimmungsgruppe[276] die Legitimationswirkung[277] eines Eingriffs in die Anteilseignerstellung erhöhen.[278] Zur Legitimation durch die festgelegte Prozedur des Insolvenzplanverfahrens[279]

---

[272] Vgl. *BMJ,* Diskussionsentwurf KredReorgG, Begründung zu § 7, S. 41.

[273] *BMJ,* Diskussionsentwurf KredReorgG, Begründung zu § 17, S. 48.

[274] *Westphal/Janjuah*, Sonderbeil. z. ZIP Heft 3/2008, 1, 16.

[275] *Ehlers,* ZInsO 2009, 320, 324.

[276] Für eine bessere Verfahrensintegration der Anteilseigner durch die Bildung einer Anteilseignergruppe, *DIHK,* Positionspapier, S. 13.

[277] Zum Zweck der Gruppenbildung zur Erhöhung der Legitimationskraft vgl. MünchKomm InsO Bd. I/*Eidenmüller,* § 222 Rdnr. 2 ff.

[278] Vgl. *Eidenmüller/Engert,* ZIP 2009, 541, 550; vgl. *Kilger,* ZRP 1984, 46, 51; vgl. zur Legitimation durch das Mehrheitsprinzip, *Schmidt,* 54. DJT, S. D 77 f., D 86; a. A. *Kluth,* ZInsO 2002, 258, 263.

[279] *Schmidt,* 54. DJT, S. D 77 f.

tritt die Legitimation durch Mehrheitsentscheidung innerhalb der Abstimmungsgruppen, in die auch die Anteilseigner einbezogen werden. Die außerhalb des Insolvenzplanverfahrens notwendigen Beschlüsse der Anteilseigner werden zwar ersetzt, gleichzeitig werden die Anteilseigner aber mit einer der Insolvenzsituation geschuldeten Verringerung ihres Stimmgewichts an der insolvenzplanrechtlichen Willensbildung beteiligt.[280] So üben nicht das Insolvenzgericht, der Insolvenzverwalter oder die nach materiellem Gesellschaftsrecht Zuständigen alleine die Rechte der Anteilseigner aus, sondern die vom Insolvenzplanverfahren Betroffenen: Gläubiger, die durch das Insolvenzplanverfahren die bestmögliche Befriedigung ihrer Ansprüche erfahren sollen[281] sowie die Anteilseigner, in deren Rechte eingegriffen wird.[282] Diese abstimmungsrechtliche Gleichbehandlung von Anteilseignern und Gläubigern im Insolvenzplanverfahren[283] entspricht ferner der insolvenzrechtlichen Sicht auf die Anteilseigner im Regelverfahren. Dort erfahren sie eine Gleichbehandlung mit den anderen Gläubigern, indem sie, ihrer Stellung in der zivilrechtlichen Rangordnung entsprechend[284], als nachrangige Gläubiger behandelt werden. Ihre neben Vermögensrechten bestehenden Verwaltungsrechte finden keine Beachtung und erlöschen mit Abschluss des Verfahrens. Von einer erhöhten Legitimationswirkung kann auch dann gesprochen werden, wenn die nicht erfolgte Zustimmung der Gruppe(n) der Anteilseigner ersetzt wird.[285] Denn trotz der Verhinderung illegitimen Abstimmungsverhaltens durch das Obstruktionsverbot, haben die Anteilseigner grundsätzlich die Möglichkeit berechtigte Interessen im Rahmen der Planabstimmung durchzusetzen. Voraussetzung des Obstruktionsverbots wäre zudem die Zustimmung der Mehrheit der abstimmenden Gruppen.[286] Darüber hinaus steht dem einzelnen Anteilseigner nach dem hier zu entwickelnden Regelungskonzept der Minderheitenschutz gem. §§ 251, 253 InsO zu.

---

[280] Für eine „Verfahrensbeteiligung der Gesellschafter" auch *Schmidt*, Wege zum Insolvenzrecht der Unternehmen, S. 144 f.

[281] Siehe Fn. 78.

[282] Vgl. *Eidenmüller*, ZIP 2007, 1729, 1736 f.

[283] Vgl. *Maesch*, S. 274 f.

[284] Als Eigenkapitalgeber sind sie außerhalb des Insolvenzverfahrens Residualberechtigte.

[285] Siehe unten 47 ff.

[286] Entsprechend § 245 Abs. 1 Nr. 3.

Brüning spricht sich ebenfalls gegen eine Anteilseignergruppe und für ein Widerspruchsrecht der Anteilseigner nach dem Muster von § 247 InsO[287] aus. Wegen der Wertlosigkeit der Gesellschaftsanteile solle den Eigenkapitalgebern „kein maßgebliches Einwirkungsrecht, insbesondere kein Stimmrecht in den Gläubigergremien“[288] zugebilligt werden, das sie als gleichberechtigte Abstimmungsgruppe(n) aber besäßen. Zumal der Erörterungs- und Abstimmungstermin als spezielle Gläubigerversammlung[289] dazu diene, die vorrangige Willensbildung der Gläubiger und ihre Abstimmung über den Insolvenzplan zu ermöglichen, um so der Gläubigerautonomie Ausdruck zu verleihen. Es bestehe überdies die Gefahr, dass der Termin von Gesellschaftern mit Fragen zum Stimmrecht „unnötig befrachtet“ werden könne. Schließlich stünden die Gesellschafter hinsichtlich der Willensbildung über den Insolvenzplan dem Schuldner näher, die Geltendmachung ihrer Interessen solle auch entsprechend den Rechten des Schuldners ausgestaltet werden.[290] Der Hinweis auf eine Entbehrlichkeit einer Gruppe der Anteilseigner wegen der Wertlosigkeit ihrer Gesellschaftsanteile in der Insolvenz ist wegen der Möglichkeit eines verbleibenden Restwerts zu undifferenziert.[291] Die zitierte Textstelle aus der Begründung zum Regierungsentwurf der Insolvenzordnung[292] ist argumentativ ebenso ungeeignet. Denn gleich der derzeitigen Rechtslage sah der Regierungsentwurf keine Zwangseingriffe in Anteilseignerrechte vor. Die Anteilseigner waren zwar noch ausdrücklich Beteiligte, so dass sie sich im Bezug auf ihre Anteilseignerrechte freiwillig dem gestaltenden Teil des Plans hätten unterwerfen können (§ 264 InsO-E[293]).[294] Paragraph 264 InsO-E und seine Begründung müssen allerdings im engen Zusammenhang mit der Begründung zu § 293 InsO-E gelesen werden, der ein Widerspruchsrecht des Schuldners und der Anteilseigner mit Kapitalmehrheit vorsah. Danach konnte die Rechtsstellung des Schuldners

---

[287] So auch *Ehlers*, ZInsO 2009, 320, 320; *Eidenmüller/Engert*, ZIP 2009, 541, 549 f., diskutieren diese Möglichkeit, bevorzugen aber die Beteiligung der Anteilseigner als eigene Gruppe(n); nur scheinbar Regierungsentwurf InsO, BT-Drucks. 12/2443, S. 1999, 210, das Widerspruchsrecht des § 298 InsO-E bezieht sich gerade nicht auf die Anteilseignerrechte, siehe sogleich.

[288] Regierungsentwurf InsO, BT-Drucks. 12/2443, S. 99.

[289] FK-InsO/*Jaffé*, § 235 Rdnr. 1; Uhlenbruck/*Lüer*, § 235 Rdnr. 19.

[290] *Brüning*, S. 337 f.

[291] Siehe oben S. 25 ff.

[292] Siehe Fn. 288.

[293] Regierungsentwurf InsO, BT-Drucks. 12/2443, S. 51.

[294] Regierungsentwurf InsO, BT-Drucks. 12/2443, S. 99.

nur in Bezug auf einen nach Befriedigung der Gläubiger verbleibenden Überschuss und der Schuldnerhaftung nach Beendigung des Insolvenzverfahrens geregelt werden.[295] Dementsprechend waren auch die Anteilseigner nur in dieser Hinsicht Beteiligte, zumal gleich darauf klargestellt wird, dass es „bei der Gestaltung der Rechte durch einen Plan allein um die Vermögensrechte der Beteiligten geht, nicht um die gesellschafts- oder organisationsrechtliche Stellung der Eigentümer."[296] Besteht allerdings die Möglichkeit eines Zwangseingriffs in Anteilseignerrechte, wie dies auch *Brüning* vorsieht[297], vermag das Argument nur noch bedingt zu überzeugen. Bei einem Eingriff in ihre Rechte sollte den Anteilseignern als „Geldgeber des Schuldners"[298] – gleich den Gläubigern – das Recht eingeräumt werden, sich als Gruppe(n) an der Abstimmung zu beteiligen. Gerade weil Anteilseigner nach geltendem Recht keine Verfahrensbeteiligten sind, besteht kein Bedürfnis sie in den Erörterungs- und Abstimmungstermin einzubeziehen, so dass es sich natürlich um eine spezifische Gläubigerversammlung handeln muss. Der vermeintlichen Gefahr der „Befrachtung" dieses Termins kann Einhalt geboten werden, indem Anteilseigner tatsächlich nur eingebunden werden, wenn in ihre Rechte eingegriffen wird[299], das heißt, wenn tatsächlich Maßnahmen vorgesehen sind, die auch außerhalb der Insolvenz der Anteilseignerzustimmung bedurften[300]. Bei der hier zu entwickelnden Regelung werden sich Fragen zum Stimmrecht ohnehin nur selten stellen, soll doch jeder Anteilseigner abstimmungsberechtigt sein. Die Anteilseigner einer Gesellschaft stehen dem Schuldner zwar tatsächlich näher als den Gläubigern. In Anbetracht der aufgezeigten Argumente vermag dieser Umstand allein jedoch nicht den Ausschlag für ein entsprechendes Widerspruchsrecht und gegen eine Anteilseignergruppenbildung geben.

In den vorangegangenen Ausführungen wurde neben der Frage, *ob* die Bildung einer Anteilseignergruppe zu erfolgen hat, bereits ansatzweise die Frage behandelt, *wie* diese Anteilseignergruppe über einen Insolvenzplan abstimmen sollte. Hat die Abstimmung in einer gesonderten

---

[295] Regierungsentwurf InsO, BT-Drucks. 12/2443, S. 210.

[296] Regierungsentwurf InsO, BT-Drucks. 12/2443, S. 210.

[297] *Brüning*, S. 257 ff.

[298] Als solche stellt *Brüning* die Anteilseigner den Gläubigern „funktional" gleich, vgl. *Brüning*, S. 55 f.

[299] Vgl. §§ 1124 (1), 1126 (f) BC.

[300] *BMJ*, Diskussionsentwurf KredReorgG, Begründung zu § 17, S. 48.

Anteilseignerversammlung zu erfolgen, wie dies der KredReorgG-E unter Verweis auf die Hauptversammlung als Sitz der Aktionärsdemokratie und der Vorgaben der Zweiten gesellschaftsrechtlichen Richtlinie vorsieht[301], oder kann die Abstimmung im Prüfungs- bzw. Abstimmungstermin[302] erfolgen. Im KredReorgG-E lässt sich ein, bei Beachtung des zeitlichen Anwendungsbereichs und der Beschränkung auf die Rechtsform der AG durchaus gerechtfertigtes, Anliegen erkennen, eine, über die Möglichkeit Anteilseignern eine Beteiligtenstellung einzuräumen hinausgehende, Vermengung von Gesellschafts- und Reorganisationsrecht zu verhindern. Im Insolvenzplanverfahren ist es dagegen wichtig, eine für alle relevanten Gesellschaftsformen geltende Regelung zu schaffen. Die Aufgabe der gesellschaftsrechtlichen Abstinenz der Insolvenzordnung scheint dabei unvermeidlich. Die Trennung von Aktionärs- und Gläubigerversammlung mit der Begründung des *BMJ*, die Hauptversammlung sei Sitz der Aktionärsdemokratie, lässt sich zwar in einem der Insolvenz zeitlich vorgelagerten Reorganisationsverfahren bedingt nachvollziehen. Allerdings ist der Hauptversammlung ein Teil der Aktionärsdemokratie ohnehin entzogen. Denn ein Eingriff in die Autonomie der Aktionäre erfolgt bereits dadurch, dass neben dem positiven Hauptversammlungsbeschluss nun auch die Zustimmung der Gläubigergruppen notwendig sein soll und die Zustimmung der Hauptversammlung gegebenenfalls fingiert werden kann.[303] Der Erhalt der Hauptversammlung als Abstimmungsforum vermittelt insoweit den Eindruck rechtstechnischer „Kosmetik", mit dem Ziel, europarechtlichen Anforderungen zu entsprechen. Gleichermaßen verhält es sich in dem hier zu entwickelnden Regelungskonzept, so dass die vorangehende Argumentation auch hier für eine Einbindung der Anteilseignerversammlung in den Abstimmungstermin spricht.

Auch die Insolvenzrechtskommission[304] sah praktische Probleme bei der Einbeziehung der Anteilseignerversammlung in den Abstimmungstermin[305] und der Aufbürdung etwaig einzuhaltender Formerfordernisse der gesellschaftsrechtlichen Änderungen.[306] Stimmen im Schrifttum sprechen sich hin-

---

[301] *BMJ*, Diskussionsentwurf KredReorgG, Begründung zu § 17, S. 47; ähnlich auch *BMJ*, Erster Bericht der Kommission für Insolvenzrecht, LS 2.2.20 Abs. 1, S. 189.

[302] Vgl. §§ 236, 241 InsO.

[303] Vgl. §§ 16 Abs. 1, 18 Abs. 1 S. 1 KredReorgG-E.

[304] Siehe unten S. 58.

[305] So auch *Kilger*, ZIP 1982, 779, 786.

[306] *BMJ*, Erster Bericht der Kommission für Insolvenzrecht, S. 190.

gegen dafür aus, die Anteilseigner zusammen mit den Gläubigern in einem einheitlichen Verfahren über den Plan abstimmen zu lassen.[307] Die Aufnahme der Anteilseigner in einen einheitlichen Abstimmungstermin stelle in der heutigen, technologisch hochgerüsteten Zeit auch in der Insolvenz von Publikumsgesellschaften kein Hindernis dar[308], zumal Publikumsgesellschaften nur einen kleinen Teil der Insolvenzen ausmachten, häufig eine geringe Beteiligung von Kleinanlegern zu verzeichnen sei und die Möglichkeit der Vollmachterteilung bestehe[309]. Weiterhin ließe sich durch eine Aufnahme der Anteilseigner in einen einheitlichen Abstimmungstermin die Abstimmung zwischen gesellschafts- und insolvenzrechtlichen Maßnahmen[310] vervollkommnen. Nicht zuletzt würde sich das Entfallen einer separaten Anteilseignerversammlung positiv auf Kosten und den zeitlichen Aspekt[311] auswirken.

Die Einbindung der insolvenzplanbeteiligten Anteilseigner als eine eigene Gruppe, die im Rahmen des Erörterungs- bzw. Abstimmungstermin mit über den Plan abstimmen, um so eine „verfahrensrechtliche Brücke von der Insolvenzorganisation zur Gesellschaftsorganisation"[312] zu schlagen, ist damit auch im Insolvenzplanverfahren zu begrüßen.[313]

4.3.3.2.2 Europarechtliche Vorgaben

Die Zweite gesellschaftsrechtliche Richtlinie[314] stellt bei der Einbeziehung der Aktionäre einer AG in eine einheitliche Abstimmung im Erörterungs- bzw. Prüfungstermin bei einer Betrachtung prima facie tatsächlich eine Hürde dar. Diese Richtlinie schreibt für Rechts- und Verwaltungsvorschriften von

[307] *Eidenmüller/Engert*, ZIP 2009, 541, 549 bevorzugen diese Regelungsalternative als eine von drei dargestellten; *Maesch*, S. 274; *Sassenrath*, ZIP 2003, 1517, 1528.

[308] *Sassenrath*, ZIP 2003, 1517, 1528.

[309] *Müller*, S. 363.

[310] Siehe oben S. 33.

[311] Vgl. *Maesch*, S. 274.

[312] *Schmidt*, Wege zum Insolvenzrecht der Unternehmen, S. 144 f.

[313] So auch *Balz*, S. 66, 68; *Eidenmüller/Engert*, ZIP 2009, 541, 549 f.; *Sassenrath*, ZIP 2003, 1517, 1528; *Schmidt*, Gutachten 54. DJT, S. D 86 f.; vgl. *Flessner*, Sanierung, S. 321.

[314] Zweite Richtlinie 77/91/EWG des Rates v. 13. Dezember 1976 zur Koordinierung der Schutzbestimmungen, die in den Mitgliedstaaten den Gesellschaften im Sinne des Artikels 58 Absatz 2 des Vertrages im Interesse der Gesellschafter sowie Dritter für die Gründung der Aktiengesellschaft sowie für die Erhaltung und Änderung ihres Kapitals vorgeschrieben sind, um diese Bestimmungen gleichwertig zu gestalten, Amtsblatt Nr. L 026 v. 31. 1. 1977, S. 1.

Mitgliedsstaaten, die Gesellschaften in der Rechtsform der AG betreffen, bestimmte Maßnahmen vor.
Die Bestimmung des Art. 29 Abs. 4 RL 77/91/EWG, wonach ein Bezugsrechtsausschluss durch einen Beschluss der Hauptversammlung zu erfolgen hat, findet bei der Durchführung eines DES keine Anwendung. Denn ausweislich des Wortlauts (Art. 29 Abs. 1 RL 77/91/EWG) ist die Vorschrift nur im Fall einer Barerhöhung einschlägig.[315] Die Forderungen werden bei einem DES jedoch gerade über eine Sacheinlage eingebracht. Überdies ist nach Art. 30 Abs. 1 RL 77/91/EWG für eine Kapitalherabsetzung kein Hauptversammlungsbeschluss notwendig, wenn sie durch eine gerichtliche Entscheidung angeordnet wird.[316] Die gerichtliche Bestätigung gem. § 248 InsO wird im Rahmen des zu entwickelnden Regelungskonzepts nicht angetastet, so dass ein Hauptversammlungsbeschluss bei der Kapitalherabsetzung aus europarechtlicher Sicht entbehrlich ist. Allerdings sieht Art. 25 Abs. 1 RL 77/91/EWG vor, dass jede Kapitalerhöhung von der Hauptversammlung beschlossen werden muss. Die hier vorgesehene Regelung, nach der die Abstimmung über die für einen DES notwendige Kapitalerhöhung nicht in der Hauptversammlung der AG, sondern im Rahmen der Abstimmung nach §§ 235 InsO erfolgen soll, würde mit dieser Bestimmung kollidieren.[317]
Es ist jedoch fraglich, ob die Zweite gesellschaftsrechtliche Richtlinie im Insolvenzplanverfahren überhaupt Anwendung findet. Der EuGH bejahte die Anwendbarkeit der Richtlinie bereits in mehreren Urteilen und lehnte damit eine Ausnahme für Aktiengesellschaften in einer Sanierungssituation ab.[318] Gleichzeitig legte er Abgrenzungskriterien fest, die eine Bestimmung des Schutzbereichs der Richtlinie ermöglichen. Danach steht die Richtlinie nicht dem Erlass von Zwangsvollstreckungsmaßnahmen und insbesondere von Abwicklungsregelungen entgegen, die die Gesellschaft zum Schutz der Rechte der Gläubiger einer Zwangsverwaltungsregelung unterstellen.[319] Eine einfache Sanierungsregelung zur Sicherung des Gesellschaftsfortbestands,

---

[315] Vgl. *BMJ*, Diskussionsentwurf KredReorgG, S. 32.

[316] Vgl. *BMJ*, Diskussionsentwurf KredReorgG, S. 32.

[317] *Eidenmüller/Engert*, ZIP 2009, 541, 547.

[318] *EuGH*, Slg. 1996, I-1347 – Pafitis; *EuGH*, Slg. 1991 I-2691 – Karella; *EuGH*, Slg. 1992, I-2111 – Syndesmos-Melon.

[319] *EuGH*, Slg. 1996, I-1347, Rdnr. 57 – Pafitis; *EuGH*, Slg. 1991 I-2691, Rdnr. 30 – Karella; *EuGH*, Slg. 1992, I-2111, Rdnr. 27 – Syndesmos-Melon.

durch die die Aktionäre und satzungsmäßigen Organe der Gesellschaft lediglich vorübergehend ihrer Rechte enthoben werden, ist jedoch nicht ausreichend.[320] Die satzungsmäßigen Organe werden im Rahmen des Insolvenzplanverfahrens aber gerade nur zeitweilig ihrer Rechte enthoben. Mit Rechtskraft der Planbestätigung erhält die Geschäftsführung der Schuldnergesellschaft grundsätzlich wieder das Recht, über die Insolvenzmasse frei zu verfügen.[321] Ordnet das Gericht auf Antrag des Schuldners Eigenverwaltung gem. § 270 InsO an, behält der Vorstand überdies die Verwaltungs- und Verfügungsbefugnis während des Verfahrens.[322] Die Rechte der Aktionäre bleiben nach geltendem Recht sogar erhalten. In dem hier zu entwickelnden Regelungskonzept sollen zumindest die Aktionäre, deren Anteile wertlos sind, unter Umständen dauerhaft ihrer Rechte enthoben werden.[323] Auch dient das Insolvenzverfahren als Zwangsvollstreckungsverfahren[324] der optimalen Befriedigung der Gläubiger und damit dem Schutz der Gläubigerrechte. Es stellt nicht nur eine einfache Sanierungsregelung dar. Auch wenn das Insolvenzplanverfahren in der Praxis meist der Unternehmenssanierung dient[325], ist es gleichermaßen möglich, die Schuldnergesellschaft in einem Insolvenzplan zu liquidieren[326], wodurch die Gesellschaftsorgane und Aktionäre – wie vom EuGH gefordert – nicht nur vorübergehend ihrer Rechte enthoben wären. Eine Sanierung soll nur angestrebt werden, sofern sie die optimale Verwertungsmöglichkeit darstellt. Hierzu bedarf es zwingend eines Fortführungsbeschlusses der Gläubiger, der „Herren des Insolvenzverfahrens"[327] (§ 157 InsO). Diese Umstände müssen m. E. zwingend Beachtung finden. Darin liegt auch der Unterschied des Insolvenzplanverfahrens verglichen mit dem der Entscheidung „Pafitis" zugrundeliegenden Vorlagefall, bei dem der EuGH eine Ausnahme verneinte: Die Einsetzung eines kommissarischen Verwalters sollte ausschließlich den Fortbestand der betroffenen Gesellschaft sichern[328]. Überdies werden die Anteilseigner auch als Gruppe(n)

---

[320] *EuGH*, Slg. 1996, I-1347, Rdnr. 57 – Pafitis.

[321] Vgl. §§ 258 Abs. 1, 259 Abs. 1 S. 2 InsO.

[322] *Andres*/Leithaus, § 270 Rdnr. 12.

[323] Vgl. oben S. 29.

[324] Vgl. Insolvenzrechtshandbuch/*Gottwald*, § 130 Rdnr. 90.

[325] *Frege/Keller/Riedel*, Rdnr. 1172.

[326] *Braun/Frank*, Vor §§ 217-269 Rdnr. 11; vgl. Regierungsentwurf InsO, BT-Drucks. 12/2443, S. 83; vgl. *BMJ*, Diskussionsentwurf KredReorgG, S. 33.

[327] *Graeber*, DZWIR 2005, 177, 183.

[328] *EuGH*, Slg. 1996, I-1347, Rdnr. 58 – Pafitis.

an der Beschlussfassung gem. §§ 235 ff. InsO beteiligt. Sie verfügen also nach wie vor über ein, wenn auch eingeschränktes, Mitwirkungsrecht. Darin liegt ein wichtiger Unterschied der hier vorgesehenen Regelung, zum der Entscheidung „Karella" zugrundeliegenden Sachverhalt, bei dem der EuGH eine Ausnahme von den Richtlinienbestimmungen ebenfalls verneinte: Ein griechisches Gesetz ermächtigte eine staatliche Stelle zur Durchführung einer Kapitalerhöhung *ohne* Hauptversammlungsbeschluss.[329] So sieht auch die Begründung des KredReorgG-E die „Vorgaben [der Richtlinie] gewahrt, da die Hauptversammlung als Organ in den Abstimmungsprozess eingebunden wird".[330] Die Abweichung der zu entwickelnden Regelung liegt dabei im Wesentlichen in der Integration der Hauptversammlung in den Abstimmungstermin, den abweichenden Mehrheitserfordernissen in der Anteilseignergruppe und in den weniger strengen Voraussetzungen zur Ersetzung der Anteilseignerzustimmung. Schließlich erscheint die Auslegung der Auffassung des EuGH dahingehend, dass eine Zustimmung der Hauptversammlung lediglich in einem Liquidationsverfahren entbehrlich sein soll, ebenso verfehlt. Denn bei einer reinen Abwicklung bestünde von vornherein kein Bedarf an einer Kapitalerhöhung.[331] Nach der hier vertretenen Auffassung steht die Zweite gesellschaftsrechtliche Richtlinie deshalb der in dieser Arbeit vorgesehenen Regelung, die einen Kapitalerhöhungsbeschluss im Erörterungs- bzw. Abstimmungstermin des Insolvenzplanverfahrens vorsieht, nicht entgegen.[332]

4.3.3.2.3 Erörterungs- und Einsichtrechte

Da Anteilseigner auch als Gruppe(n) beteiligt sind, sollten ihnen, entsprechend den Gläubigern, die Erörterungsrechte gem. § 235 InsO und die Einsichtrechte gem. § 234 InsO zugestanden werden.[333] Wegen der vorgesehenen Möglichkeit im Insolvenzplan auch die Rechte der Anteilseigner zu regeln, wäre eine besondere Ladung auch der Anteilseigner entsprechend § 235 Abs. 3 S. 1 InsO konsequent.[334] Neben dem unverhältnismäßigen

[329] *EuGH*, Slg. 1991 I-2691, Rdnr. 2, 8 – Karella.

[330] *BMJ*, Diskussionsentwurf KredReorgG, S. 33.

[331] Regierungsentwurf InsO, BT-Drucks. 12/2443, S. 82; *Eidenmüller/Engert*, ZIP 2009, 541, 548.

[332] *Eidenmüller/Engert*, ZIP 2009, 541, 548; *Richter*, ECFR 2009, 358, 363 f.; a. A. *Drouven*, ZIP 2009, 1052; *Müller*, S. 365 f., 367, Fn. 264.

[333] *Ehlers*, ZInsO 2009, 320, 325; *Sassenrath*, ZIP 2003, 1517, 1528.

[334] Vgl. FK-InsO/*Jaffé*, § 235 Rdnr. 25a.

Aufwand, der dadurch dem Insolvenzverwalter und -gericht entstünde[335], wäre dies praktisch nur teilweise umzusetzen, denn gerade in großen Publikumsgesellschaften sind viele Anteilseigner nicht bekannt. Entsprechend § 235 Abs. 2 S. 1 InsO sollte der Erörterungs- und Abstimmungstermin daher lediglich öffentlich bekannt gemacht werden.

4.3.3.3 Alternative: nachwirkender Rechtsschutz

Als Alternative zur Anteilseignerbeteiligung mittels Gruppenbildung wird vorgeschlagen, die Anteilseigner nicht an der Planabstimmung zu beteiligen und ihnen zur Wahrung ihrer Rechte gegebenenfalls die Geltendmachung einer Entschädigung aufgrund des Ausscheidens in einer Art gesellschaftsrechtlichem Spruchverfahren[336] bzw. über den ordentlichen Rechtsweg[337] zu ermöglichen. Der wesentliche Vorteil einer solchen Regelung bestünde in der Auslagerung dieser Rechtsstreitigkeiten aus dem Planbestätigungsverfahren, so dass die Wirkung eines Insolvenzplans, der einen DES vorsieht, nicht durch Rechtsmittel verzögert werden könnte.[338] Allerdings entfiele die Mitwirkung der Anteilseigner und damit auch die dadurch entstehende Legitimationswirkung vollständig. Der Vorteil der Abwesenheit einer bestätigungsverzögernden Wirkung ließe sich indes auch durch ein insolvenzrechtliches Freigabeverfahren[339] erreichen.

4.3.4 Mehrheitserfordernisse in der Gruppe der Anteilseigner

4.3.4.1 Regelungsinhalt

Der Beschluss innerhalb der Gruppe der Anteilseigner über die Annahme des Reorganisationsplans bedarf gem. § 17 Abs. 3 KredReorgG-E der Mehrheit der abgegebenen Stimmen, wobei grundsätzlich die einfache Mehrheit gem. § 133 Abs. 1 AktG ausreichen soll[340]. Aufgrund der Zweiten gesellschaftsrechtlichen Richtlinie[341] bedarf der Beschluss über den vollständigen oder teilweisen Ausschluss des Bezugsrechts oder über eine Kapital-

---

[335] *Brüning*, S. 339.

[336] *Eidenmüller/Engert*, ZIP 2009, 541, 550.

[337] *Westphal/Janjuah*, Sonderbeil. z. ZIP Heft 3/2008, 1, 16.

[338] *Eidenmüller/Engert*, ZIP 2009, 541, 550.

[339] Siehe unten S. 62 f.

[340] *BMJ*, Diskussionsentwurf KredReorgG, Begründung zu § 17, S. 48.

[341] Vgl. Artt. 40 Abs. 1 und 2, 29 Abs. 4 S. 2, 30 S. 1 RL 77/91/EWG.

herabsetzung jedoch gem. § 17 Abs. 3 S. 2 KredReorgG-E einer Mehrheit von mindestens zwei Drittel der abgegebenen Stimmen oder des bei der Abstimmung vertretenen Grundkapitals.[342] Die einfache Mehrheit ist gem. § 17 Abs. 3 S. 2 KredReorgG-E ausreichend, wenn die Hälfte des Grundkapitals vertreten ist.

4.3.4.2 Transferfähigkeit

Es ist fraglich, ob die Regelung, die sich im Bezug auf Bezugsrechtsausschluss und Kapitalherabsetzung an den gesellschaftsrechtlichen Zustimmungserfordernissen[343] orientiert, übernommen werden sollte.[344] Im Gesellschaftsrecht ist bei einer AG für die für einen DES notwendigen Kapitalmaßnahmen eine Mehrheit von mindestens drei Viertel des bei der Beschlussfassung vertretenen Grundkapitals (§ 179 Abs. 2 AktG) erforderlich. Bei der GmbH bedarf es einer Mehrheit von drei Viertel der abgegebenen Stimmen (§ 53 Abs. 2 S. 1 Hs. 2 GmbHG). Gerade weil die Anteilseigner als Gruppe(n) in Erörterungs- und Abstimmungstermin einbezogen werden, könnten alternativ die insolvenzplanrechtlichen Zustimmungserfordernisse Anwendung finden. Hier ist die einfache (doppelte[345]) Mehrheit ausreichend (§ 244 Abs. 1 InsO).

Gegen die Anwendung der gesellschaftsrechtlichen Mehrheiten spricht, dass es bei der Abstimmung über den Insolvenzplan nicht allein um das Verhältnis der Anteilseigner untereinander bzw. um das Verhältnis Anteilseigner und Gesellschaft geht, sondern vielmehr das „Dreiecksverhältnis" zwischen Anteilseignern, Gesellschaft und Gläubigern betroffen ist.[346] Offensichtlich besteht auch schon vor Eröffnung des Insolvenzplanverfahrens eine Art „Dreiecksverhältnis" in einer sehr schwachen Ausprägung, beeinflussen die Entscheidungen der Anteilseignerversammlung doch mittelbar die Befriedigungsaussichten der Gläubiger als Stakeholder der Gesellschaft. Durch die optimale Gläubigerbefriedigung als Hauptziel des Insolvenzverfahrens, tritt dieses Verhältnis nun in den Vordergrund. Vor dem Hintergrund der regelmäßigen Wertlosigkeit der Anteilseignerrechte wäre es gleichfalls

---

[342] *BMJ*, Diskussionsentwurf KredReorgG, Begründung zu § 17, S. 48.

[343] Vgl. *Kilger*, ZIP 1982, 779, 786.

[344] Für eine ¾-Kopf- und Anteilsmehrheit, *DIHK*, Positionspapier, S. 4.

[345] Es bedarf der Zustimmung der Kopf- und Kapitalmehrheit der Gläubiger.

[346] *Sassenrath*, ZIP 2003, 1517, 1528.

widersinnig Anteilseigner und Gläubiger in dieser Beziehung nicht gleichzustellen, indem für beide unterschiedliche Mehrheitserfordernisse in den Gruppen gelten. Zumindest bei einem DES spricht in einer Aktiengesellschaft europarechtlich nichts dagegen, de lege ferenda lediglich eine einfache Mehrheit für den Beschluss der Aktionäre über den erforderlichen Bezugsrechtsausschluss vorzusehen. Denn ausweislich des Wortlauts von Art. 29 Abs. 1 RL 77/91/EWG gilt die Vorschrift von Artt. 40 Abs. 1, 29 Abs. 4 RL 77/91/EWG nur hinsichtlich des Bezugsrechtsausschlusses bei einer Erhöhung des gezeichneten Kapitals durch *Bareinlagen*. Eine Zweidrittelmehrheit ist hingegen nicht erforderlich, erfolgt eine *Sach*kapitalerhöhung, wie dies bei einem DES der Fall ist.[347] Aufgrund der Unanwendbarkeit der Zweiten gesellschaftsrechtlichen Richtlinie im Insolvenzplanverfahren könnte aber auch im Fall einer Barkapitalerhöhung die einfache Mehrheit zulässig sein[348].[349] Bei einer Kapitalherabsetzung ist die durch Art. 40 Abs. 1 RL 77/91/EWG vorgeschriebene Zweidrittelmehrheit wegen der gerichtlichen Bestätigung nicht einschlägig.[350]

Die entsprechende Anwendung von § 244 InsO erscheint zweckmäßig. Statt der Summe der Ansprüche der Gläubiger (§ 244 Abs. 1 Nr. 2 InsO) müssen jedoch die Kapitalverhältnisse der Anteilseigner maßgeblich sein.[351] Da es gerade auch um die Vermögensrechte der Anteilseigner geht, kann nicht alleine die Anzahl der abgegebenen Stimmen entscheidend sein.[352] Eine darüber hinausgehende Beachtung der Entwertung der Anteilseignerrechte[353] scheint mit Rücksicht auf die Legitimationsfunktion der Abstimmungsteilnahme der Anteilseigner nicht angezeigt. Die Entwertung ist bereits dadurch ausreichend berücksichtigt, dass die Anteilseigner nicht mehr autonom über die notwendigen Kapitalmaßnahmen abstimmen können, sondern mit den Gläubigern in ein Abstimmungsverfahren eingebun-

---

347 Vgl. *Eidenmüller/Engert*, ZIP 2009, 541, 547.

348 Sofern mindestens die Hälfte des Grundkapitals bei der Beschlussfassung vertreten ist, kann auch bei einer Anwendbarkeit der Richtlinie das Erfordernis einer einfachen Mehrheit bei einer Barkapitalerhöhung vorgesehen werden, § 40 Abs. 2 RL 77/91/EWG.

349 Siehe oben S. 41 ff.

350 Vgl. Art. 30 S. 1 RL 77/91/EWG.

351 *Eidenmüller/Engert*, ZIP 2009, 541, 550; *Sassenrath*, ZIP 2003, 1517, 1528.

352 Vgl. Regierungsentwurf InsO, BT-Drucks. 12/2443, S. 210.

353 Z. B. durch eine, der Anteilsentwertung entsprechenden Gewichtung des Stimmgewichts der Anteilseignergruppen im Verhältnis zum Stimmgewicht der Gläubigergruppen.

den sind und gegebenenfalls die Ersetzung ihrer Zustimmung hinnehmen müssen.

Schmidt fordert ferner, dass „die Stimmrechte bei der Abstimmung über den Insolvenzplan prospektiv unter der Reorganisationsprognose zugeteilt werden, so daß [sic!] als ‚Gesellschafter' jeder mitstimmen kann, der die Übernahme von Einlagen bei planmäßiger Kapitalerhöhung verbindlich zugesagt hat."[354] In dem hier zu entwickelnden Regelungskonzept sind die zukünftigen Anteilseigner bereits als umwandlungswillige Gläubiger an der Planabstimmung beteiligt. Zudem ist dabei fraglich, ob für die Verteilung der Stimmrechte zwischen Alt- und Neuanteilseignern das Verhältnis des bereits herabgesetzten Kapitals zum erhöhten Kapital oder des Werts des nominellen Alt-Kapitals zum neuen Kapital Berücksichtigung finden soll.[355] Die erste Möglichkeit führte bei einer Kapitalherabsetzung auf null zum Abstimmungsausschluss der Anteilseigner, so dass keine Legitimationswirkung durch die Abstimmungsteilnahme der Anteilseigner[356] erzielt würde. Wohingegen die zweite Möglichkeit gerade der laut *Schmidt* zu beachtenden „Reorganisationsprognose" widerspricht. Der Vorschlag findet daher über die bereits bestehende Berücksichtigung hinaus keinen Eingang in das zu entwickelnde Regelungskonzept.

4.3.5 Obstruktionsverbot

4.3.5.1 Regelungsinhalt

In § 18 Abs. 4 KredReorgG-E ist die Möglichkeit vorgesehen, die Zustimmung dissentierender Anteilseigner zu fingieren. Voraussetzung dafür ist gem. § 18 Abs. 4 Nr. 1 und 2 KredReorgG-E, dass die Mehrheit der abstimmenden Gruppen dem Plan mit der erforderlichen Mehrheit zugestimmt hat und die im gestaltenden Teil des Plans vorgesehenen Maßnahmen nach §§ 8 bis 10 KredReorgG-E dazu dienen, erhebliche negative Folgeeffekte bei anderen Kreditinstituten infolge der Bestandsgefährdung des Instituts und eine Instabilität des Finanzsystems zu verhindern und hierzu geeignet, erforderlich und angemessen sind. Liegen diese Voraussetzungen vor und erfolgt die gerichtliche Bestätigung (§ 19 KredReorgG-E), so treten die Wir-

---

[354] *Schmidt*, 54. DJT, S. D 81.

[355] *Kilger*, ZRP 1984, 46, 51.

[356] Siehe oben S. 35 f.

kungen des DES den Anteilseignern gegenüber zwingend ein.[357] Die Zustimmungsersetzung von Gläubigergruppen ist gem. § 18 Abs. 2 und 3 KredReorgG-E indes entsprechend § 245 InsO[358], also ohne eine besondere Verhältnismäßigkeitsprüfung, möglich.

4.3.5.2 Transferfähigkeit

4.3.5.2.1 Allgemeine Untersuchung

Die Abweichung der Voraussetzungen für eine Zustimmungsersetzung von Gläubiger- und Anteilseignergruppen wird vom *BMJ* mit dem Verweis auf die verfassungsrechtliche Unzulässigkeit einer Reduzierung der Anteilsrechte auf eine vermögensrechtliche Position, die wegen der Überschuldung der Gesellschaft dann mit null bewertet wird, begründet.[359] Die Frage, ob die Beteiligung der Anteilseigner im Allgemeinen sowie die Ausweitung des Obstruktionsverbots auf diese im Speziellen verfassungsrechtlich zulässig ist, wird im Schrifttum unterschiedlich bewertet. Die Untersuchung dieser Frage würde den begrenzten Rahmen dieser Arbeit sprengen. Es sprechen aber gute Gründe für eine Zulässigkeit.[360] Daher wird im Folgenden erörtert, ob für die Zustimmungsersetzung der Anteilseigner die Voraussetzungen für eine Zustimmungsersetzung der Gläubiger gem. § 18 Abs. 2 und 3 KredReorgG-E bzw. die des Obstruktionsverbots gem. § 245 InsO[361] entsprechend angewendet werden sollten.

Offensichtlich scheint der Anwendungsbereich der Zustimmungsfiktion der Anteilseigner im KredReorgG-E gegen eine Abschwächung der Fiktionsvoraussetzungen auf das Niveau der Gläubigerzustimmungsfiktion zu sprechen. Ein Eingriff in die Anteilseignerrechte durch Zustimmungsfiktion soll nur erfolgen, um den Gefahren der Finanzmarktstabilität und der damit verbundenen Gefährdung der Gesamtwirtschaft zu begegnen.[362] Diesem Zweck würde ein Obstruktionsverbot der Anteilseigner im allgemeinen In-

---

[357] Vgl. § 20 Abs. 1 S. 1 KredReorgG-E.

[358] *BMJ*, Diskussionsentwurf KredReorgG, Begründung zu § 18 Abs. 2 und 3, S. 49; vgl. FK-InsO/*Jaffé*, Vor §§ 217 ff. Rdnr. 3.

[359] *BMJ*, Diskussionsentwurf KredReorgG, Begründung zu § 18 Abs. 4, S. 50.

[360] *Brüning*, S. 268 ff.; *Eidenmüller/Engert*, ZIP 2009, 541, 545 ff.; MünchKomm InsO/*Eidenmüller*, § 217 Rdnr. 76; *Eidenmüller*, ZIP 2007, 1729, 1736 f.; FK-InsO/*Jaffé*, Vor §§ 217 ff. Rdnr. 5; *Sassenrath*, ZIP 2003, 1517, 1523; *Westphal/Janjuah*, Sonderbeil. z. ZIP Heft 3/2008, 1, 15.

[361] Die Voraussetzungen beider Vorschriften decken sich, *BMJ*, Diskussionsentwurf KredReorgG, Begründung zu § 18, S. 49.

[362] Vgl. § 1 Abs. 1 S. 1 KredReorgG-E; vgl. *BMJ*, Diskussionsentwurf KredReorgG, S. 27.

solvenzplanverfahren aber gerade nicht dienen. Dabei muss jedoch Beachtung finden, dass das Reorganisationsverfahren im zeitlichen Vorfeld einer Insolvenz angesiedelt ist. Der Einleitungstatbestand ist gem. § 1 Abs. 2 S. 1 KredReorgG-E die Sanierungsbedürftigkeit des Kreditinstituts. Sanierungsbedürftigkeit liegt gem. § 1 Abs. 2 S. 2 KredReorgG-E vor, wenn die zur Verfügung stehenden Eigenmittel nicht den Anforderungen des § 10 Abs. 1 KWG oder die Zahlungsmittel nicht den Anforderungen des § 11 Abs. 1 KWG[363] entsprechen. An die Eigenmittel eines Kreditinstituts sind andere Anforderungen[364] zu stellen als an das Eigenkapital eines „normalen" Unternehmens. Dementsprechend kann und soll[365] ein Reorganisationsverfahren nach dem KredReorgG-E eingeleitet werden, bevor Eröffnungsgründe gem. §§ 17 ff. InsO vorliegen. Weil die Eigentümer eines Unternehmens zu diesem Zeitpunkt aber noch nicht „verspielt haben"[366], ist ein höheres Schutzniveau der Anteilseignerrechte erforderlich. Dies bedeutet im Umkehrschluss, dass ein entsprechend niedrigeres Schutzniveau im Insolvenzplanverfahren durchaus vertretbar ist.

Ein weiteres Argument für eine Anwendung des Obstruktionsverbots auf die Anteilseigner ergibt sich aus der Regierungsbegründung der Insolvenzordnung, wonach der Zweck des Obstruktionsverbots in der Verhinderung missbräuchlichen Abstimmungsverhaltens liegt.[367] „So besteht kein vernünftiger Grund für eine Gruppe von Gläubigern, einem von anderen Gläubigern gewünschten Plan zu widersprechen, wenn die Gruppe nicht wirtschaftlich schlechter gestellt wird als sie ohne einen Plan stünde und wenn zusätzlich gewährleistet ist, daß [sic!] die Gruppe bei der Verteilung des durch den Plan realisierten Mehrwerts im Verhältnis zu anderen Gruppen nicht unbillig benachteiligt wird."[368] Diese Argumentation lässt sich auf die Anteilseigner übertragen. Warum sollten sie im Fall einer Einbeziehung in die Beteiligtenstellung also nicht auch an missbräuchlichem Abstimmungsverhal-

---

[363] Die Grundsätze über die ausreichenden Liquidität sind in der Liquiditätsverordnung geregelt, Boos/Fischer/Schulte-Mattler/*Lindemann*, § 45 Rdnr. 11.

[364] Diese bestimmen sich u. a. nach dem Adressenausfall-, dem operationellen und dem Marktrisiko, Boos/Fischer/Schulte-Mattler/*Lindemann*, § 45 Rdnr. 6.

[365] Vgl. *BMJ*, Diskussionsentwurf KredReorgG, S. 27, „[...] frühzeitiges einzuleitendes zweistufiges Reorganisationsverfahren [...]".

[366] *Eidenmüller*, ZGR 2001, 680, 709.

[367] Regierungsentwurf InsO, BT-Drucks. 12/2443, S. 208 f.; *Balz*, in: Neuordnung, S. 1, 10; vgl. *Braun/Uhlenbruck*, Unternehmensinsolvenz, S. 604 ff.; vgl. MünchKomm InsO/*Drukarczyk*, § 245 Rdnr. 1.

[368] Regierungsentwurf InsO, BT-Drucks. 12/2443, S. 208.

ten gehindert werden? Zumal der deutsche Gesetzgeber es den der Gesellschaft weit ferner stehenden Gläubigern zumutet, sich im Interesse der Gläubigermehrheit einem Mehrheitsurteil zu beugen.[369] Der Hinweis, Anteilseigner würden sich nicht gegen einen Reorganisationsprozess stellen, da dieser in ihrem Interesse läge[370], vermag nicht zu überzeugen. Ihre komfortable Verhandlungsposition[371] könnte sie dazu verleiten, anderen Beteiligten Vermögensopfer abtrotzen zu wollen.[372] Außerdem widerspräche es dem Zweck des Obstruktionsverbots, die Eröffnung seines Anwendungsbereichs im Bezug auf Anteilseigner vom Erreichen der einfachen Mehrheit innerhalb der Anteilseignergruppe(n) abhängig zu machen, wie es der *DIHK* fordert.[373] Denn der Umstand, dass sich innerhalb der Anteilseignergruppe(n) keine einfache Mehrheit findet, bedeutet nicht, dass das negative Stimmrecht nicht missbräuchlich verwendet wird.

Der deutsche Gesetzgeber orientierte sich bei Schaffung des Obstruktionsverbots gem. § 245 InsO an der „cram down rule" des U.S.-Reorganisationsverfahrens[374], sah aber von der Einbeziehung der Anteilseigner ab. Fraglich ist, ob sich aus dem U.S.-Recht Hinweise ergeben, die für eine Korrektur dieser Konzeption sprechen. Zunächst ist die unterschiedliche Zielsetzung beider Verfahren festzustellen: Während das U.S.-Reorganisationsverfahren dem Unternehmen einen „fresh start" ermöglichen will[375], dient das deutsche Insolvenzplanverfahren der optimalen Gläubigerbefriedigung[376]. Wird durch das Obstruktionsverbot eine verweigerte Zustimmung der Anteilseigner zum Sanierungsplan mit DES überwunden, so dass durch die Fortführung der reorganisierten Gesellschaft eine im Vergleich zum Regelverfahren höhere Befriedigungsquote der Gläubiger erzielt werden kann, ist eine entsprechende Zustimmungsfiktion jedoch auch dem Ziel der deutschen Insolvenzordnung zuträglich.

---

[369] *Braun*, in: FS Fischer, 2008, S. 53, 67; *Braun/Uhlenbruck*, Unternehmensinsolvenz, S. 582; vgl. *Brüning*, S. 217.

[370] *Müller*, 2002, S. 367.

[371] Vgl. *Zirener*, Sanierung in der Insolvenz, S. 85.

[372] So auch *Braun/Uhlenbruck*, Unternehmensinsolvenz, S. 583; vgl. *Drouven*, ZIP 2009, 1052; vgl. *Eidenmüller*, Unternehmenssanierung, S. 35.

[373] *DIHK*, Positionspapier, S. 4.

[374] *Drukarczyk*, Insolvenzplan und Obstruktionsverbot, S. 2; vgl. *Herweg*, Rdnr. 9, 65.

[375] *Braun/Uhlenbruck*, Unternehmensinsolvenz, S. 427 f.; *Elsing/Van Alstine*, US-amerikanisches Handels- und Wirtschaftsrecht, Rdnr. 460; *Kautzsch*, Unternehmenssanierung und Insolvenzverfahren, S. 172; KPB/*Otte*, § 217 Rdnr. 53, 54e.

[376] Siehe Fn. 78.

Die Möglichkeit im U.S.-Reorganisationsverfahren auch die Zustimmung der Anteilseigner zu fingieren[377] ist Ausdruck und letzte Konsequenz der einheitlichen Behandlung von Fremd- und Eigenkapitalgeber als Geldgeber des Schuldners und der „absolute priority rule", also der Maßgeblichkeit der zivilrechtlichen Rangfolge dieser Geldgeber auch im Reorganisationsverfahren[378]. Auch im deutschen Regelverfahren ist eine an die zivilrechtliche Haftung der „Gesellschaftsgeldgeber"[379] außerhalb des Insolvenzverfahrens orientierte liquidationsrechtliche Rangordnung vorhanden.[380] Aufgrund der Tatsache, dass der deutsche Gesetzgeber den Gedanken der absoluten Vorrangregel in § 245 Abs. 2 Nr. 2 InsO für das Insolvenzplanverfahren übernahm[381], gleichzeitig aber die Anteilseigner nicht entsprechend ihrer Stellung in der zivilrechtlichen Haftungsordnung beteiligt, entsteht eine Inkonsequenz. Bereits vor der Entstehung des Insolvenzplanverfahrens äußerte *Flessner* Bedenken hinsichtlich einer Übernahme der absoluten Vorrangregel, die „durch Eigenarten der amerikanischen Rechtsentwicklung stark bedingt"[382] sei, welche in der deutschen Situation nicht vorzufinden seien.[383] Er führt dabei die ursprüngliche Einkleidung der Sanierungspraxis in ein Zwangsliquidationsverfahren, wodurch die Orientierung an Liquidationsgrundsätzen naheliege, sowie Missbräuche der früheren Gestaltungs- und Verhandlungsfreiheit auf, zu denen man einen Gegenmaßstab hätte finden müssen. Indes besteht das deutsche Reorganisationsverfahren mittlerweile ebenso parallel zum Regelverfahren, das ausschließlich auf die Verwertung des Schuldnervermögens zielt[384]. Auch soll es wirtschaftlich effiziente privatautonome Entscheidungen gewährleisten[385], gleichzeitig aber missbräuchli-

---

[377] Siehe oben S. 17 f.

[378] Vgl. § 1129 (b) (2) (B) (ii) BC; vgl. *Flessner*, Sanierung, S. 103.

[379] *Brüning*, S. 55 f.; KPB/*Otte*, § 217 Rdnr. 60 spricht davon, dass Anteilseigner und Gläubiger „funktional Kreditgeber des Schuldners" sind; vgl. Regierungsentwurf InsO, BT-Drucks. 12/2443, S. 83.

[380] *Brüning*, S. 56 ff.; vgl. *BMJ*, Erster Bericht der Kommission für Insolvenzrecht, Einleitung, S. 17 ff.; vgl. *Drukarczyk*, Insolvenzplan und Obstruktionsverbot, S. 8 f ; vgl. *Jaffé/Friedrich*, ZIP 2008, 1849, 1854; vgl. *Sassenrath*, ZIP 2003, 1517, 1526; vgl. *v. Wilmowsky*, WM 1997, 1461, 1468.

[381] *Andres*/Leithaus, § 245 Rdnr. 6; *Braun*, NZI 1999, 473, 475; Nerlich/Römermann/*Braun*, Vor §§ 217-269 Rdnr. 22 Fn. 26; *Brüning*, 61 f.; *Wittig*, ZInsO 1999, 373, 376; vgl. *Drukarczyk*, Insolvenzplan und Obstruktionsverbot, S. 8.

[382] *Flessner*, Sanierung, S. 257.

[383] *Flessner*, Sanierung, S. 257 ff.

[384] Braun/*Kießner*, § 1 Rdnr. 5.

[385] Regierungsentwurf InsO, BT-Drucks. 12/2443, S. 78.

ches Verhalten verhindern[386]. Die absolute Vorrangregel hat also nicht unberechtigt Eingang in das Insolvenzplanverfahren gefunden. Es bleibt aufzuzeigen, warum die Anteilseigner am Insolvenzplanverfahren nicht entsprechend ihrer Stellung in der zivilrechtlichen Haftungsordnung beteiligt sind. Dies ist durch ihren mangelnden Beteiligtenstatus im Sinne von § 217 InsO bedingt, wodurch gegen ihre Zustimmung kein Eingriff in ihre Rechte erfolgen kann. So ist es ihnen durch eine komfortable Verhandlungsposition möglich – im Gegensatz zum Regelverfahren [387] – einen Wert zu erzwingen, der ihnen nach der zivilrechtlichen Haftungsordnung nicht zusteht.[388] Denn auch wenn kein DES vorgesehen ist, muss bereits der für einen Insolvenzplan notwendige Fortsetzungsbeschluss mit einer Dreiviertelmehrheit gefasst werden.[389] Richtigerweise kann dann aber die Zustimmung dissentierender Gläubigergruppen wegen eines Verstoßes gegen §§ 245 Abs. 1 Nr. 2, 245 Abs. 2 Nr. 2 InsO nicht gem. § 245 InsO fingiert werden. Anteilseigner, die über eine Sperrminorität verfügen, haben es somit in der Hand, über den Gesamterfolg eines Insolvenzplans zu entscheiden. Die absolute Vorrangregel erfährt damit eine eklatante Verletzung. Diese Inkonsequenz könnte durch die Anwendung des Obstruktionsverbots auf die Anteilseigner beseitigt werden, so dass „die liquidationsrechtliche Verteilungsregel auch im Falle eines Plans"[390] Durchsetzung finden würde. Anders ausgedrückt: „Die zivilrechtliche Haftungsordnung muss nicht nur dann maßgeblich sein, wenn das Schuldnervermögen zwangsverwertet wird, sondern auch dann, wenn es im Rahmen einer Fortführung oder Sanierung investiert bleibt."[391] Zumal der Gesetzgeber der Begründung des Regierungsentwurfs der Insolvenzordnung zufolge die zivilrechtliche Haftungsordnung auch dann als maßgeblich ansieht, wenn im Rahmen einer Reorganisation ein Fortführungswert erzielt wird.[392]

Die Korrektur dieser Inkonsequenz führte dazu, dass Anteilseigner und Gläubiger als „Geldgeber" der Schuldnergesellschaft im Insolvenzplanver-

---

[386] Vgl. z. B. Regierungsentwurf InsO, BT-Drucks. 12/2443, S. 79.

[387] Vgl. §§ 39 Abs. 1 Nr. 5, 199 InsO.

[388] Vgl. *Balz*, ZIP 1988, 273, 287 spricht davon, dass ein „schrankenloses Vetorecht [...] strategisch für ungerechtfertigte Reichtumsverschiebungen genutzt werden" kann.

[389] §§ 274 Abs. 1 S. 2, Abs. 2 Nr. 1 AktG; dieses Mehrheitserfordernis wird analog auf die GmbH angewendet, *Patzschke*, S. 110 m. w. N.

[390] *Balz*, in: Neuordnung, S. 1, 10.

[391] *Jaffé/Friedrich*, ZIP 2008, 1849, 1854.

[392] Vgl. Regierungsentwurf InsO, BT-Drucks. 12/2443, S. 83.

fahren eine Gleichbehandlung hinsichtlich des in die Gesellschaft eingebrachten Kapitals erfahren würden.[393] Dogmatisch gesehen tritt das mitgliedschaftliche, rechtsformübergreifende Element der Beteiligung an einem auf gemeinsame Zweckverwirklichung ausgerichteten Personenverband[394] in den Hintergrund, während durch die stärkere Beachtung des überlassenen Kapitals eine Annäherung an das kapitalmarktorientierte amerikanische Modell[395] erfolgt.[396] Darin ist die konsequente Weiterführung einer durch die Orientierung am U.S.-Reorganisationsverfahren bereits im Regierungsentwurf der Insolvenzordnung angelegten Tendenz des Insolvenzplanverfahrens zu sehen. Die Vermögensorientierung des Insolvenzverfahrens stützt ebenfalls ein Abstellen auf das der Gesellschaft von seinen Geldgebern überlassene Kapital, auch wenn der Gesetzgeber die Vermögens- und Organisationsorientierung als Gegensatzpaar begreift.[397] Die verbandsrechtliche Autonomie erfährt zwar einen Eingriff, indem den Anteilseignern das Recht genommen wird, eigenständig über gesellschaftsrechtliche Maßnahmen abzustimmen. Sie sind aber nach wie vor an der Planabstimmung beteiligt und unterfallen dem insolvenzrechtlichen Schutzregime. Durch die hier vorgesehene Regelung steht es ihnen zudem frei, das subjektive Recht ihrer Mitgliedschaft durch die Leistung eines Reorganisationsbeitrags zu erhalten. Verglichen mit dem vollständigen Verlust ihrer Mitgliedschaft im Regelverfahren, erscheint dieser Eingriff vergleichsweise mild. *Müller* führt für ein Absehen von Zwangseingriffen in die Verbandsstruktur im Insolvenzplanverfahren das Argument an, dass Gläubiger auch außerhalb der Insolvenz die Vornahme gesellschaftsinterner Maßnahmen nicht erzwingen können und sogar eine freiwillige Liquidation der Gesellschaft hinnehmen müssen.[398] Ein einfacher aber entscheidender Umstand wird dabei übersehen: Außerhalb einer Insolvenz reicht das Gesellschaftsvermögen in aller Regel zur vollständigen Befriedigung aller Gläubiger aus.

Allerdings könnte es mit einer Ausweitung des Obstruktionsverbots zu einer weiteren Belastung der Insolvenzgerichte durch komplexe Bewertungsprob-

---

393 *Maesch*, S. 274 ff.

394 Dazu grundlegend *Lutter*, AcP 180 (1980), 84 ff.; *Habersack*, Die Mitgliedschaft – subjektives oder „sonstiges" Recht, S. 62 ff.; *Schmidt*, Gesellschaftsrecht, S. 547 ff.

395 Vgl. *Wiedemann*, Gesellschaftsrecht, Bd. I, § 9 II 1 a.

396 Demgegenüber ablehnend *Müller*, S. 363 f., 367 f.; kritisch *Flessner*, S. 257 f.

397 Regierungsentwurf InsO, BT-Drucks. 12/2443, S. 77.

398 *Müller*, S. 366 f.

leme hinsichtlich der Werthaltigkeit der Anteilseignerrechte kommen.[399] Die Anteilseigner verfügten dann wiederum über eine Quasi-Obstruktionsmöglichkeit, indem sie das Reorganisationsverfahren durch eine illegitime Nichtzustimmung und der damit verbundenen zeitintensiven Unternehmensbewertung verzögern könnten.[400] In der Praxis des U.S.-Reorganisationsverfahrens, zeigt sich aufgrund der Befürchtung, die Gerichte könnten den Wert des Unternehmens in der Liquidation falsch einschätzen, hingegen eine überwiegend verhaltenssteuernde Wirkung der „cram down rule", während die gerichtliche Anwendung in den Hintergrund rückt.[401] Diese Wirkung könnte sich auch auf die Anteilseigner ausweiten, so dass für diese bereits bei den Insolvenzplanverhandlungen kein Anreiz bestünde, sich dem wirtschaftlichen Wert ihrer Anteile widersprechend zu verhalten.[402] Eine geringe praktische Bedeutung des Obstruktionsverbots gem. § 245 InsO[403], deutet darauf hin, dass in Deutschland bereits jetzt eine verhaltenssteuernde Wirkung des *Gläubiger*obstruktionsverbots besteht. Außerdem müssen Insolvenzgerichte bereits de lege lata im Rahmen des Obstruktionsverbots gem. § 245 InsO und des Minderheitenschutzes gem. § 251 InsO den Fortführungs- und Zerschlagungswert eines Unternehmens ermitteln.[404]
Wie aufgezeigt wurde, sprechen sehr gute Gründe dafür, die Anteilseigner im Insolvenzplanverfahren in das Obstruktionsverbot gem. § 245 InsO einzubeziehen.

4.3.5.2.2 Herabsetzung der Mehrheitserfordernisse

Sollte darüber hinaus eine Anpassung der für eine Zustimmungsersetzung gem. § 245 InsO notwendigen Gruppenmehrheit, gegebenenfalls gleich der „cram down rule"[405], bis auf eine Gruppe, angestrebt werden?[406] Im ursprünglichen Regierungsentwurf der Insolvenzordnung war das Obstrukti-

[399] Vgl. *Drukarczyk*, Insolvenzplan und Obstruktionsverbot, S. 11, 24; für das U.S.-Insolvenzrecht, das aus diesem Grund ebenfalls in der Kritik steht, *Fassbach*, S. 117 f.

[400] *Flessner*, Sanierung, S. 280.

[401] *Fassbach*, S. 101; *Herweg*, Rdnr. 86 m. w. N.; vgl. *Flessner*, Sanierung, S. 278.

[402] Vgl. *Herweg*, Rdnr. 87.

[403] Vgl. *Ehlers*, ZInsO 2009, 320, 325.

[404] Vgl. *Fassbach*, S. 160 ff.

[405] Vgl. § 1129 (a) (10) BC.

[406] So auch *Balz*, ZIP 1988, 273, 287.

onsverbot derart ausgestaltet, dann aber vom Rechtsausschuss des Bundestags unter Verweis auf die zu schwache Grundlage für einen Insolvenzplan angepasst worden[407]. Eine Absenkung erscheint insofern logisch, als bereits die Zustimmung nur einer Gruppe bedeutet, dass diese besser stehen muss, als sie bei der Liquidation stünde.[408] Vorausgesetzt, die anderen Gruppen stehen im Vergleich nicht schlechter, läge ein pareto-effizientes Ergebnis vor. Gerade die Begründung des Regierungsentwurfs der Insolvenzordnung verwies auf die Pareto-Effizienz als Maßstab des wirtschaftlichen Optimums privatautonomer Entscheidungen im Insolvenzplanverfahren.[409] Dem entgegen steht die Betrachtung des Majoritätsprinzips als Legitimationsgrundlage: Der Grundsatz der Gleichbehandlung gebietet, dass zu Gunsten der Planbestätigung und entgegen dem Einstimmigkeitsprinzip notwendige Beschränkungen so gering wie möglich gehalten werden.[410] Dies ist der Fall, wenn die Mehrzahl der Abstimmungsbeteiligten den Plan als vorteilhaft erachtet und ihm zustimmt, somit „nur" die Minderheit eine vermeintlich schlechtere Behandlung erfährt. Der Umstand, dass de lege ferenda sowohl in Gläubiger- als auch in Anteilseignerrechte eingegriffen würde und es sich bei Gläubigern und Anteilseignern um Geldgeber des Schuldners handelt[411], spricht für eine Gleichartigkeit und damit für eine Anwendung des Grundsatzes der erwähnten Gleichbehandlung. Gegen die Absenkung des Mehrheitserfordernisses ist zudem einzuwenden, dass ein Manipulationsanreiz geschaffen würde, nur zum Zweck der Zustimmungsersetzung, eine Gruppe zu bilden.[412] Desweiteren muss die Zielabweichung von deutscher Insolvenzordnung und U.S.-Insolvenzrecht beachtet werden. Bedingt durch den geschichtlichen Hintergrund ist das Hauptziel des U.S.-Insolvenzrechts insbesondere die Reorganisation des Schuldners.[413] Schließlich erfolgt durch das Obstruktionsverbot auch ein Eingriff in die Anteilseignerrechte. Auch wenn diese wirtschaftlich wertlos sein sollten, vermitteln sie nach deutschem

---

[407] Vgl. Beschlussempfehlung des Rechtsausschusses, BT-Drucks. 12/7302, S. 105, 184.

[408] *Braun/Uhlenbruck*, Unternehmensinsolvenz, S. 611.

[409] Regierungsentwurf InsO, BT-Drucks. 12/2443, S. 78; siehe auch MünchKomm InsO/*Eidenmüller*, Vor §§ 217-169 Rdnr. 22.

[410] *Baltzer*, Der Beschluss als rechtstechnisches Mittel organschaftlicher Funktion im Privatrecht, S. 215 f.

[411] Siehe oben S. 50.

[412] Vgl. *Kemper*, S. 173, Fn. 117.

[413] *Braun/Uhlenbruck*, Unternehmensinsolvenz, S. 427 f.

Recht neben Vermögensrechten auch Verwaltungsrechte.[414] Da diese nach dem hier zu entwickelnden Regelungskonzept erlöschen können, erscheint das Erfordernis der einfachen Gruppenmehrheit angemessen. So wird ein etwaiger Ausschluss von der Mehrheit der Abstimmungsgruppen der Gläubiger als „Herren des Insolvenzverfahrens"[415] und gegebenenfalls von Anteilseignern mehrheitlich getragen, wodurch die Legitimationsgrundlage des Obstruktionsverbots gestärkt wird. Bessere Gründe sprechen im deutschen Recht somit für eine Beibehaltung der einfachen Gruppenmehrheit in § 245 Abs. 1 Nr. 3 InsO.

4.3.5.2.3 Qualifizierung des Fortführungswerts gem. § 245 Abs. 2 Nr. 2 InsO

Auch wenn den Anteilseignern ihre Blockademöglichkeit entzogen wurde, ist ihnen im Rahmen des hier zu entwickelnden Regelungskonzepts die Möglichkeit gegeben, durch Leistung eines Reorganisationsbeitrags bzw. bei einem Anteilsrestwert an der Gesellschaft beteiligt zu bleiben.[416] Damit stellt sich die Frage, ob die Partizipation der Alt-Anteilseigner[417] am Fortführungswert einen wirtschaftlichen Wert gem. § 245 Abs. 2 Nr. 2 InsO darstellt. Dem Gesetzgeber[418] und der Rechtsprechung[419] zufolge soll ausschlaggebend sein, ob die Leistungen, die der Schuldner nach dem Insolvenzplan zu erbringen hat, den noch vorhandenen Wert des Unternehmens aufwiegen, wovon auszugehen sei, wenn kein Dritter bereit ist, anstelle des Schuldners das Unternehmen zu den im Plan vorgesehenen Bedingungen fortzuführen. Warum sich Anteilseigner an der Reorganisation beteiligen sollten, obwohl kein „Mehrwert" erzielt werden kann, bleibt unklar.[420] Um Rechtssicherheit zu schaffen, sollte eine gesetzliche Klarstellung dahin erfolgen, dass der Fortführungswert, der den Anteilseigner aufgrund eines Gesellschaftsanteilsrestwerts oder einer neuen Kapitalbeteiligung zufließt, keinen wirtschaftlichen Wert gem. § 245 Abs. 2 Nr. 2 InsO darstellt. Nach

---

[414] Für die AG MünchKomm AktG Bd. I/*Heider*, § 11 Rdnr. 11 ff. m. w. N.; für die GmbH Roth/*Altmeppen*, § 14 Rdnr. 20.

[415] *Graeber*, DZWIR 2005, 177, 183.

[416] Siehe oben S. 28.

[417] Die ehemaligen Gläubiger, die nach einem DES Anteilseigner sind, werden nicht vom Anwendungsbereich des § 245 Abs. 2 Nr. 2 InsO erfasst, *Eidenmüller*, ZGR 2001, 680, 700 f.

[418] Vgl. Regierungsentwurf InsO, BT-Drucks. 12/2443, S. 209.

[419] *LG Traunstein*, Beschl. v. 27. 8. 1999, NZI 1999, 461 ff.

[420] *Drukarczyk*, Insolvenzplan und Obstruktionsverbot, S. 23 f.

bisheriger Rechtsprechung könnte bereits ein „wirtschaftlicher Wert" bestehen, wenn ein Interessent für die Übernahme des Unternehmens bekannt geworden ist[421], so dass es eine einzelne Gläubigergruppe aufgrund der Unanwendbarkeit von § 245 InsO in der Hand hätte, den Insolvenzplan scheitern zu lassen.

4.3.5.3 Alternativen

4.3.5.3.1 Grundsätzliche Zustimmungsfiktion

Hinsichtlich der Einbeziehung der Anteilseignerrechte fordern *Westphal/Janjuah* de lege ferenda eine grundsätzliche Zustimmungsfiktion, unabhängig davon, ob die Anteilseignerrechte noch werthaltig sind oder nicht, wenn nach dem Willen des Planerstellers die Anteilseigner ihre Anteilsrechte nicht behalten sollen.[422] Unter dem Gesichtspunkt eines bestehenden Anteilsrestwerts ist diese Regelung zu undifferenziert. Wie aufgezeigt wurde, sollte den Alt-Anteilseignern zudem eine Möglichkeit gegeben werden, ihre Anteile durch einen entsprechenden Reorganisationsbeitrag zu erhalten.

4.3.5.3.2 „Preemptive Cram Down"

Ähnlich dem Vorschlag eines „preemptive cram down" im U.S.-Reorganisationsverfahren[423], sieht *Sassenrath* eine differenziertere Regelung vor, indem er die Anteilseigner grundsätzlich als Gruppe beteiligen und in die Mehrheit gem. § 245 Abs. 1 Nr. 3 InsO einbinden will, wobei gleichzeitig die Inhaber wertloser Anteile über § 246 InsO einer grundsätzlichen Zustimmungsfiktion unterworfen werden sollen.[424] Zunächst müsste bei einer derartigen Regelung die Wertlosigkeit der Anteilseignerrechte bereits vor dem Erörterungs- und Abstimmungstermin (§ 235 InsO) eindeutig und zweifelsfrei festgestellt werden, wodurch bereits im Vorfeld verfahrensverzögernde Auseinandersetzungen entstehen könnten.[425] Die Überschuldungbilanz ist

[421] Vgl. *LG Traunstein*, Beschl. v. 27. 8. 1999, NZI 1999, 461, 464.

[422] *Westphal/Janjuah*, Sonderbeil. z. ZIP Heft 3/2008, 1, 16.

[423] Siehe oben S. 18 f.

[424] *Sassenrath*, ZIP 2003, 1517, 1528 f.; ähnlich *Balz*, S. 69, „[...] von der Beteiligung der Eigentümer ganz abzusehen, wenn der Liquidationswert ihrer Rechte bei Verfahrenseröffnung null oder negativ ist [...]."; *Westphal/Janjuah*, Sonderbeil. z. ZIP Heft 3/2008, 1, 16.

[425] Vgl. für das U.S.-amerikanische Recht, *Flessner*, Sanierung, S. 278.

aufgrund des bestehenden Bewertungsspielraums des Vorstandes[426] dafür nur bedingt geeignet. Durch die Fiktion der Anteilseignerzustimmung gem. § 246 InsO, wären diese nicht an der Planabstimmung beteiligt, womit Kosteneinsparungen verbunden wären. Jedoch würde so aufgrund der Anteilswertlosigkeit das Stimmrecht des Anteilseigners[427] weiter beeinträchtigt. Das Absehen von einem solchen „preemptive cram down" deckt sich auch mit den vorangehenden Ausführungen zu den Zustimmungserfordernissen[428]: Soll die Wertminderung der Anteilseignerrechte unbeachtlich sein, so darf auch die Wertlosigkeit der Anteilsrechte keinen Einfluss auf das Stimmrecht haben. Zudem entfiele durch eine derartige Regelung die zusätzliche Legitimationswirkung, die mittels der Abstimmungsmöglichkeit der Anteilseigner generell erreicht werden soll[429]. Ein Abstimmungsausschluss von Anteilseignern mit wertlosen Anteilen ist somit abzulehnen.[430]

4.3.5.3.3 Insolvenzgerichtliche Ersetzung der notwendigen Anteilseignerbeschlüsse ohne Anteilseignerbeteiligung

Bereits 1985 sah die zum Zweck der Reformierung des Konkurs- und Vergleichsrechts[431] berufene Insolvenzrechtskommission[432] die Möglichkeit vor, zur Verhinderung der Obstruktion der Anteilseigner[433] einen nicht zustande gekommenen Anteilseignerbeschluss durch das Insolvenzgericht nach pflichtgemäßem Ermessen[434] ersetzen zu lassen. Grundvoraussetzung sollte die Undurchführbarkeit der Reorganisation ohne die gesellschaftsrechtliche Maßnahme und die Reorganisationsplanzustimmung der vorgesehenen Abstimmungsgruppen mit den erforderlichen Mehrheiten[435] sein.[436] Gebotene gesellschaftsrechtliche Maßnahmen[437] konnten im Rahmen der Reorganisati-

---

[426] MünchKomm AktG Bd. II/*Spindler*, § 92 Rdnr. 26.

[427] *Schmidt*, 54. DJT, S. D 80 weist auf die Bedeutung des Stimmrechts hin.

[428] Siehe oben S. 46.

[429] Siehe oben S. 35 f.

[430] Vgl. *Flessner*, Sanierung, S. 280.

[431] Vgl. *BMJ*, Erster Bericht der Kommission für Insolvenzrecht, S. 4 ff.

[432] *BMJ*, Erster Bericht der Kommission für Insolvenzrecht, S. 6.

[433] *BMJ*, Erster Bericht der Kommission für Insolvenzrecht, Begründung LS 2.2.20, S. 192.

[434] *BMJ*, Erster Bericht der Kommission für Insolvenzrecht, Begründung LS 2.2.20, S. 192.

[435] Mehrheitserfordernisse in Prozent der Forderungsgesamtsumme: gesicherte Insolvenzgläubiger mit Sicherungsrechten 80 %, von Kürzung ihrer Ansprüche betroffenen ungesicherten Insolvenzgläubiger 60 %, von Kürzung ihrer Ansprüche betroffenen im Unternehmen verbleibenden Arbeitnehmer 80 %, *BMJ*, Erster Bericht der Kommission für Insolvenzrecht, LS 2.2.17, S. 184.

[436] *BMJ*, Erster Bericht der Kommission für Insolvenzrecht, LS 2.2.20 Abs. 3, S. 189.

[437] *BMJ*, Erster Bericht der Kommission für Insolvenzrecht, LS 2.4.9 S. 2, S. 278.

on nur in den darstellenden Teil des Plans aufgenommen werden.[438] Die Rechte der Anteilseigner wurden gleichwohl durch die gerichtliche Beschlussersetzung gestaltet. Auch *Schmidt* spricht sich dafür aus, Nein-Stimmen von Anteilseignern deren Anteile unter der Zerschlagungsprognose wertlos sind, gerichtlich ersetzen zu lassen, sofern eine objektive Rechtspflicht zur Zustimmung begründbar, eine Zustimmungsversagung mithin treuwidrig sei.[439] Ähnlich der Regelung des KredReorgG-E bleibt die Anteilseignerversammlung bei diesem Vorschlag als Beschlussforum unangetastet, wird aber nicht als Gruppe in die Abstimmungsprozedur der Gläubiger einbezogen, wie es in dieser Arbeit vorgesehen ist. Im Gegensatz zum Obstruktionsverbot gem. § 245 InsO bleibt jedoch fraglich, welche Kriterien das Insolvenzgericht bei seiner Entscheidung über die Beschlussersetzung nach „pflichtgemäßem Ermessen" anzulegen hätte. Ebenso unklar ist, wer die Ersetzungsentscheidung beantragen können soll[440] bzw. wer für die Einberufung der entsprechenden Anteilseignerversammlung zuständig ist. So könnte das Insolvenzgericht zunächst gezwungen sein, die Beschlussfassung abzuwarten, nur um sie letzten Endes doch zu ersetzen[441], wodurch gerade zeitsensitive Reorganisationsmaßnahmen wie der DES negativ beeinflusst würden. Überdies gibt das der Beschlussersetzung zugrundliegende Kriterium des „pflichtgemäßen Ermessens" den Beteiligten keinerlei Anhaltspunkte, die eine Antizipation der gerichtlichen Entscheidung ermöglichen würden. Ein Verhandlungsrahmen, wie er durch die Regeln des § 245 InsO im Insolvenzplanverfahren geschaffen würde, könnte nur bedingt entstehen.[442]
Die Insolvenzrechtskommission schlug außerdem vor, Anteilseigner wegen Wertlosigkeit ihrer Anteilsrechte per Gerichtsbeschluss des Insolvenzgerichts ausschließen zu können, sofern keine Bereitschaft besteht, neues Kapital einzubringen.[443] Zudem sollte der Ausschluss aus wichtigem Grund möglich sein.[444] Auf diese Weise würde die Aufnahme neuen Kapitals und die Durchführung eines Reorganisationsverfahrens erleichtert und insbesondere die gebotene Veränderung in den gesellschaftsrechtlichen Verhältnissen rei-

---

[438] *BMJ*, Erster Bericht der Kommission für Insolvenzrecht, LS 2.4.9 S. 1, S. 278.

[439] *Schmidt*, Gutachten 54. DJT, S. D 81, D 89; vgl. *Ulmer*, ZHR 149 (1985), 541, 559.

[440] *Brüning*, S. 231 f.

[441] Vgl. *Müller*, S. 363.

[442] Siehe oben S. 53.

[443] *BMJ*, Erster Bericht der Kommission für Insolvenzrecht, LS 2.4.9.5 Abs. 1 Nr. 1 und 2, S. 282.

[444] *BMJ*, Erster Bericht der Kommission für Insolvenzrecht, LS 2.4.9.6, S. 283.

bungsloser verlaufen bzw. überhaupt erst möglich werden.[445] Der zum Ausschluss von Anteilseignern notwendige wichtige Grund könne darin liegen, dass die Gläubiger dem Reorganisationsverfahren nur zustimmen, wenn der Anteilseigner, den sie für den wirtschaftlichen Zusammenbruch des Unternehmens verantwortlich machen, aus der Gesellschaft ausscheidet.[446] Wie bei der insolvenzgerichtlichen Beschlussersetzung bleibt offen, wer einen Anteilseignerausschluss beantragen kann. Weiter ist unklar, ob auch die kleinste neu übernommene Kapitalbeteiligung seitens des Anteilseigners ausreicht, um einen Ausschluss wegen Wertlosigkeit zu verhindern[447], so dass sich der Anteilseigner den Erhalt seiner Beteiligung sehr günstig erkaufen könnte.[448] Im Rahmen des hier zu entwickelnden Regelungskonzepts besteht kein Bedürfnis nach einer derartigen Ausschlussmöglichkeit. Sind Anteile wertlos, scheiden die reorganisationsunwilligen Anteilseigner aus der Gesellschaft aus. Weisen Gesellschaftsanteile einen Restwert auf, besteht für Gesellschaftsgläubiger kein legitimer Grund, das Ausscheiden der Alt-Anteilseigner zu fordern.

4.3.6 Rechtsmittel und Minderheitenschutz des Einzelnen

4.3.6.1 Regelungsinhalt

Während einem Gläubiger in Anlehnung an § 251 InsO[449] Minderheitenschutz eingeräumt wird (§ 19 Abs. 3 KredReorgG-E), stehen dem einzelnen Anteilseigner folgende Möglichkeiten offen. Im Fall der Zustimmungsersetzung gem. § 18 Abs. 4 KredReorgG-E kann er am Bestätigungsverfahren (§ 19 Abs. 5 KredReorgG-E) teilnehmen, sofern er gem. §§ 17 Abs. 4 S. 2, 19 Abs. 5 KredReorgG-E seine ablehnende Stimmabgabe zur Niederschrift festhalten lässt, der Plan durch die Anteilseigner nicht angenommen wird und eine Zustimmungsfiktion erfolgt. Die Teilnahme ist dabei aber auf eine Gelegenheit zur Stellungnahme begrenzt[450], durch die dem Anteilseigner rechtliches Gehör verschafft werden soll[451]. Stimmt die Hauptversammlung

---

[445] *BMJ*, Erster Bericht der Kommission für Insolvenzrecht, Begründung LS 2.4.9.5, S. 282.

[446] *BMJ*, Erster Bericht der Kommission für Insolvenzrecht, Begründung LS 2.4.9.6, S. 283.

[447] *Balz*, S. 62.

[448] *Brüning* , S. 239.

[449] *BMJ*, Diskussionsentwurf KredReorgG, Begründung zu § 19, S. 51.

[450] *BMJ*, Diskussionsentwurf KredReorgG, Begründung zu § 19, S. 52.

[451] *BMJ*, Diskussionsentwurf KredReorgG, Begründung zu § 17, S. 48; zum rechtlichen Gehör im Insolvenzplanverfahren *Vallender*, in: Kölner Schrift (3. Aufl.), Rdnr. 97 ff.

dem Plan zu, kann der einzelne Anteilseigner gegen diesen Beschluss der Hauptversammlung eine allgemeine aktienrechtliche Anfechtungsklage erheben (§ 17 Abs. 5 S. 1 KredReorgG-E). Das Freigabeverfahren gem. § 246a AktG findet entsprechend Anwendung (§ 17 Abs. 5 S. 2 KredReorgG-E), um die Blockademöglichkeit einzelner Anteilseigner zu minimieren.[452]

4.3.6.2 Transferfähigkeit

Diese gesellschaftsrechtliche Regelung ist hinsichtlich der zeitlichen Stellung des Reorganisationsverfahrens vor der Insolvenz und der vom Abstimmungstermin der Gläubiger getrennten Abstimmung der Anteilseigner nur konsequent: Die Trennung von Gesellschafts- und Reorganisationsrecht[453] wird fortgesetzt. Das Schutzniveau, das durch diese Rechtsmittel besteht ist vergleichsweise niedrig. Für einzelne Anteilseigner besteht explizit keine Möglichkeit geltend zu machen, dass sie durch den Reorganisationsplan schlechter gestellt werden, als sie ohne ihn stünden. Im Kontext des KredReorgG-E muss das Schutzniveau auch nicht höher sein. Zum einen, da es zur Annahme eines Reorganisationsplans, der die Durchführung eines DES mittels Kapitalschnitts vorsieht, einer Zwei-Drittel-Stimmen- oder Kapitalmehrheit bedarf.[454] Zum anderen, weil eine Zustimmungsfiktion bei Anteilseignergruppen gem. § 18 Abs. 4 KredReorgG-E nur unter engen Voraussetzungen, speziell einer besonderen Verhältnismäßigkeitsprüfung, möglich ist[455] und betroffene Anteilseiger überdies gem. § 8 Abs. 2 KredReorgG-E – gegebenenfalls unter der Fortführungsprognose[456] – angemessen zu entschädigen sind. Nach dem hier zu entwickelnden Regelungskonzept bedarf es zur Annahme des Insolvenzplans innerhalb einer Anteilseignergruppe allerdings lediglich einer einfachen Mehrheit. Die besondere Verhältnismäßigkeitsprüfung entfällt. Daher muss in einer allgemeinen Regelung das Niveau des Minderheitenschutzes angehoben werden. Wie bereits angeführt, sollte insbesondere gewährleistet sein, dass der ein-

---

[452] *BMJ*, Diskussionsentwurf KredReorgG, Begründung zu § 17, S. 48.

[453] Vgl. oben S. 38 f.

[454] Vgl. § 17 Abs. 3 S. 2 KredReorgG-E; *BMJ*, Diskussionsentwurf KredReorgG, Begründung zu § 17, S. 48.

[455] *BMJ*, Diskussionsentwurf KredReorgG, Begründung zu § 18, S. 50.

[456] Sofern das Unternehmen als sanierungsfähig eingestuft wird, *BMJ*, Diskussionsentwurf KredReorgG, Begründung zu § 8, S. 42.

zelne Anteilseigner mit einem Insolvenzplan im Vergleich zur Liquidationssituation nicht benachteiligt wird.[457] Um dies zu erreichen, bietet sich eine Einbindung der Anteilseigner gleich den Gläubigern in den insolvenzrechtlichen Minderheitenschutz gem. § 251 InsO an[458], der dem „best interests test" des U.S.- Reorganisationsrechts entspricht[459]. Dies ist notwendig, weil eine dem Insolvenzplan zustimmende Anteilseignermehrheit nicht sicherstellt, dass nicht einzelne Anteilseigner der überstimmten Minderheit schlechter gestellt werden und ihnen so Vermögenswerte gegen ihren Willen entzogen werden.[460] Die Gefahr, dass schlechter gestellte Anteilseigner einen an sich vielversprechenden Insolvenzplan über § 251 InsO zum Scheitern bringen, kann ausgeschlossen werden, indem der Insolvenzplan von vornherein Zusatzleistungen für Anteilseigener vorsieht, die begründeten Widerspruch gem. § 251 InsO einlegen.[461] Gegen die gesellschaftsrechtliche Regelung des KredReorgG-E spricht außerdem der Zuschnitt speziell auf Gesellschaften in der Rechtsform der AG. Eine notwendige rechtsformübergreifende Regelung[462], ließe sich in der Insolvenzordnung realisieren.

Daneben ist fraglich, ob Anteilseignern auch die Möglichkeit eröffnet sein soll, ihr Recht auf Minderheitenschutz im Beschwerdeverfahren gem. § 253 InsO geltend zu machen.[463] In konsequenter Weiterführung der Anwendung von § 251 InsO auf die Anteilseigner ist dies zu bejahen, da der Minderheitenschutz in der Praxis ansonsten durch eine mangelnde gerichtliche Durchsetzbarkeit geschwächt wäre.[464] Es bedürfte dann einer gesetzlichen Klarstellung, dass durch die Insolvenzplanbestätigung zustande gekommene

---

[457] Vgl. *Drukarczyk*, Insolvenzplan und Obstruktionsverbot, S. 9.

[458] So auch Regierungsentwurf InsO, BT-Drucks. 12/2443, S. 56, 211 f.; *Brüning*, 350 ff.; *Eidenmüller/Engert*, ZIP 2009, 541, 549; *Sassenrath*, ZIP 2003, 1517, 1529.

[459] *Fassbach*, S. 155.

[460] Regierungsentwurf InsO, BT-Drucks. 12/2443, S. 211; *Drukarczyk*, Insolvenzplan und Obstruktionsverbot, S. 20; vgl. *Braun/Uhlenbruck*, Unternehmensinsolvenz, S. 605.

[461] Vgl. Regierungsentwurf InsO, BT-Drucks. 12/2443, S. 212; vgl. für § 245 InsO FK-InsO/*Jaffé*, § 245 Rdnr. 31 ff.

[462] *Westphal/Janjuah*, Sonderbeil. z. ZIP Heft 3/2008, 1, 16.

[463] Für die grundsätzliche Möglichkeit den Minderheitenschutz gem. § 251 InsO über § 253 InsO geltend machen zu können schon Regierungsentwurf InsO, BT-Drucks. 12/2443, S. 56, 212; *Brüning*, S. 353; *Sassenrath*, ZIP 2003, 1517, 1529; vgl. Kreft/*Flessner*, § 253 Rdnr. 7, der von einer „formellen" Gläubigerbeschwer durch einen Widerspruch nach § 251 InsO spricht; a. A. wohl FK-InsO/*Jaffé*, § 253 Rdnr. 7, der von § 251 InsO als lex specialis zu § 253 InsO spricht.

[464] A. A. wohl *Eidenmüller/Engert*, ZIP 2009, 541, 549.

„Anteilseignerbeschlüsse" nicht zusätzlich der ordentlichen Gerichtsbarkeit unterliegen.[465]

Gerade in dem ohnehin schon rechtsmittellastigen Insolvenzplanverfahren[466] können zusätzliche, die Planwirkung verzögernde Beschwerdeverfahren von Anteilseignerseite die Durchführung von zeitsensitiven Reorganisationsverfahren behindern oder gar vereiteln.[467] Anteilseigner könnten einen DES deswegen faktisch durch eine Rechtbeschwerde verhindern.[468] Wohl müssten Anteilseigner die notwendigen Kosten tragen, um die Schlechterstellung im Sinne § 251 Abs. 1 Nr. 2 InsO glaubhaft zu machen.[469] Als Korrektiv zu dieser Quasi-Obstruktionsmöglichkeit erscheint das jedoch nicht ausreichend. Auch die Zusage von Zusatzleistungen im Fall eines begründeten Widerspruchs gem. § 251 InsO kann einzelne Anteilseigner nicht daran hindern, eine Beschwerde gem. § 253 InsO zu erheben.

In Anlehnung an die Regelung im KredReorgG-E, nach der das aktienrechtliche Freigabeverfahren gem. § 246a AktG auch auf Anfechtungsklagen gegen den Hauptversammlungsbeschluss der Planzustimmung angewendet werden können soll, um „den zügigen Fortgang des Verfahrens zu gewährleisten und die Reorganisation nicht zu gefährden"[470], könnte ebenfalls eine entsprechende Regelung für das Beschwerdeverfahren gem. § 253 InsO geschaffen werden[471].[472] Alternativ könnte bereits die gerichtliche Bestätigung gem. § 248 InsO direkt zur materiellen Rechtskraft des Insolvenzplans führen, so dass die Beschwerde gem. § 253 InsO keine aufschiebende Wirkung hätte.[473] Infolge des begrenzten Rahmens vorliegender Arbeit können diese Optionen der Verfahrensbeschleunigung nicht mit der ihnen geschuldeten Tiefe und Genauigkeit diskutiert werden. Es sei jedoch darauf

---

465 *Ulmer*, ZHR 149 (1985), 541, 565.

466 FK-InsO/*Jaffé*, Vor §§ 217 ff. Rdnr. 7; vgl. *Amend*, ZIP 2009, 589, 595.

467 Vgl. *Drukarczyk*, Insolvenzplan und Obstruktionsverbot, S. 9; vgl. FK-InsO/Jaffé, § 253 Rdnr. 13 spricht im Bezug auf die Gläubiger von einem „Erpressungsinstrumentarium"; vgl. KPB/*Otte*, § 253 Rdnr. 8 zieht in Fn. 8 einen Vergleich zu missbräuchlichen Aktionärsklagen.

468 Vgl. für eine derartige Möglichkeit der Gläubiger, *Gerster*, ZInsO 2008, 437, 442; vgl. MünchKomm InsO/*Sinz*, § 253 Rdnr. 3.

469 Vgl. § 251 Abs. 2 InsO; vgl. *Drukarczyk*, Insolvenzplan und Obstruktionsverbot, S. 20.

470 *BMJ*, Diskussionsentwurf KredReorgG, Begründung zu § 19, S. 48.

471 Eine entsprechende Anwendung von § 246a AktG kommt aufgrund des spezifischen aktienrechtlichen Normzuschnitts für eine insolvenzrechtliche Regelung, die alle relevanten Gesellschaftsformen erfassen soll, nicht in Frage.

472 Für die Schaffung eines Freigabeverfahrens nach dem Muster von § 246a AktG ebenfalls FK-InsO/*Jaffé*, Vor §§ 217 ff. Rdnr. 7 a. E.

473 *Erster Bundeskongress „Sanierung nach Plan"*, ZInsO 2009, 656.

hingewiesen, dass ein insolvenzrechtliches Freigabeverfahren ähnlich § 246a AktG[474], die Durchsetzung und den Bestandsschutz von Registereintragungen bezweckte, indem die aufschiebende Wirkung von Beschwerdeverfahren gem. § 253 InsO[475] in Einzelfällen aufgehoben würde. Insbesondere der Freigabegrund gem. § 246a Abs. 2 Nr. 3 AktG ist in einem Insolvenzplanverfahren von Interesse, da sich die dabei vorzunehmende Interessenabwägung alleine auf die wirtschaftlichen Folgen der Eintragung bzw. Nichteintragung beschränkt[476]. Für eine insolvenzrechtliche Regelung müsste freilich eine Anpassung dahingehend erfolgen, dass anstatt dem Interesse der Aktionäre, das Gläubigerinteresse zu berücksichtigen ist. Dies rechtfertigt sich vor dem Hintergrund des Verfahrensziels der optimalen Gläubigerbefriedigung.

Im Ergebnis sollten einzelne Anteilseigner dem Minderheitenschutz gem. § 251 InsO unterstellt werden. Sofern ein wirksames Korrektiv besteht, das eine faktische Obstruktionsmöglichkeit der Anteilseigner durch Beschwerdeverfahren verhindert, ist ihnen konsequenter Weise auch der Weg der Beschwerde gem. § 253 InsO zu eröffnen.

4.3.7 Finanzielle Kompensation der Alt-Anteilseigner

4.3.7.1 Regelungsinhalt

Paragraph 8 Abs. 2 S. 1 KredReorgG-E verpflichtet das Kreditinstitut den von einem DES durch Einziehung ihrer Anteilsrechte betroffenen Anteilseignern eine angemessene Entschädigung zu leisten, sofern deren Anteile noch werthaltig sind.[477] Nach der Begründung des KredReorgG-E muss die Ermittlung der Werthaltigkeit unter Going-Concern-Gesichtspunkten erfolgen, sofern das Kreditinstitut als sanierungsfähig eingestuft wird.[478]

---

[474] *Hüffer*, § 246a Rdnr. 1.

[475] Kreft/*Flessner*, § 253 Rdnr. 10.

[476] Regierungsentwurf ARUG, BT-Drucks. 16/11642, S. 41; *Herrler/Reymann*, DNotZ 2009, 815, 824.

[477] Vgl. *BMJ*, Diskussionsentwurf KredReorgG, Begründung zu § 8, S. 42.

[478] *BMJ*, Diskussionsentwurf KredReorgG, Begründung zu § 8, S. 42 f.; vgl. *Schmidt*, Gutachten 54. DJT, S. D 80.

4.3.7.2 Transferfähigkeit

In dem hier zu entwickelnden Regelungskonzept soll die Einziehung von Anteilseigentum im Insolvenzplanverfahren nicht ermöglicht werden. Eine Regelung zur finanziellen Kompensation der Anteilseigner erscheint nicht erforderlich, da ein DES gegen den Willen der Anteilseigner nur über einen Kapitalschnitt durchgeführt werden kann und so Inhaber noch werthaltiger Anteilsrechte nicht ausscheiden, sondern entsprechend an der Gesellschaft beteiligt bleiben. Dies gilt auch deswegen, weil aus den bereits aufgezeigten Gründen[479] in der Insolvenz bei bestehender rechnerischer Überschuldung nicht auf den Wert der Anteile unter der Fortführungsprognose abzustellen ist.[480] Weisen die Anteile börsennotierter Gesellschaften einen Restwert auf, ist dieser aus verfassungsrechtlichen Gründen zu berücksichtigen.[481] Dann bedarf es jedoch einer gesetzlichen Klarstellung, dass diese finanzielle Kompensation der Alt-Anteilseigner keinen „wirtschaftlichen Wert" im Sinne von § 245 Abs. 2 InsO darstellt.[482]

4.3.8 Gerichtliche Bestätigung

4.3.8.1 Regelungsinhalt

Das zuständige Gericht bestätigt den Reorganisationsplan durch Beschluss in einem besonderen Termin, welcher spätestens drei Monate nach Planannahme stattfinden soll (§ 19 Abs. 1 KredReorgG-E). Das Gericht hat die Bestätigung von Amts wegen zu versagen, wenn eine inhaltliche Prüfung[483] ergibt, dass einer der in § 19 Abs. 2 KredReorgG-E aufgeführten Tatbestände vorliegt. Wird die Bestätigung rechtskräftig, treten die im gestaltenden Teil des Reorganisationsplans festgelegten Wirkungen für und gegen die Planbeteiligten ein (§ 20 Abs. 1 S. 1 KredReorgG-E). Gleichwohl bedarf es für eine Wirksamkeit der Kapitalmaßnahmen eines DES einer Handelsregistereintragung.[484] Das Eintragungsverfahren wird gem. § 20 Abs. 2 S. 2 KredReorgG-E vom zuständigen Registergericht von Amts wegen eingeleitet. Wie sich aus § 20 Abs. 2 S. 3 KredReorgG-E ergibt, kann das Registerge-

---

[479] Siehe oben S. 28 f.

[480] Vgl. *Flessner*, Sanierung, S. 280.

[481] *BVerfGE* 100, 289, 308 (DAT/Altana).

[482] Vgl. Sassenrath, ZIP 2003, 1517, 1529.

[483] *BMJ*, Diskussionsentwurf KredReorgG, Begründung zu § 19, S. 50.

[484] Vgl. §§ 181 Abs. 3, 189, 224, 229 Abs. 3 AktG, §§ 54 Abs. 3, 57 Abs. 1, 58a Abs. 4 S. 2 GmbHG.

richt nur offensichtlich nichtige gesellschaftsrechtliche Maßnahmen beanstanden. Eine unbeschränkte inhaltliche Prüfung ist nicht möglich.[485] Schließlich ersetzt § 20 Abs. 1 S. 2 und 3 KredReorgG-E alle Formerfordernisse, die für Willens- und Verpflichtungserklärungen hinsichtlich im Reorganisationsplan enthaltener gesellschaftsrechtlicher Maßnahmen vorgesehen sind.

4.3.8.2 Transferfähigkeit

Als problematisch wird bei einer zum Ausscheiden von Anteilseignern führenden, gerichtlichen Planbestätigung angesehen, dass sich der Insolvenzrichter letztlich „Verdienste als gesellschaftsrechtlicher Zwangsbeglücker erwirbt"[486], wenn die Zustimmung der Anteilseigner per Gerichtsbeschluss ersetzt und so in Anteilseignerrechte eingegriffen wird. Jedoch erfolgt im Insolvenzplanverfahren in aller Regel auch ein Eingriff in Gläubigerrechte.[487] Hier wird die Bestätigung des Gerichts, die gegenüber Gläubigermehrheiten zu Lasten von Gläubigerminderheiten auch eine „Zwangsbeglückung" darstellen kann, sogar als Schutz der Gläubiger gesehen.[488] Eine Bevorzugung des Kapitalbesitzes in Form von gesellschaftsrechtlichem Anteilseigentum ist ersichtlich nicht gewollt.[489] Warum sollte das Gericht also nicht auch in Anteilseignerrechte eingreifen dürfen. Natürlich vorausgesetzt, den Anteilseignern wird bei einem Eingriff in ihre noch werthaltigen Anteile das gleiche Schutzniveau geboten, das auch den Gläubigern zusteht[490].
Da Reorganisationsmaßnahmen, wie der DES, zu ihrer wirksamen Durchführung schnell umgesetzt werden müssen[491], ist der Transfer der die Umsetzung gesellschaftsrechtlicher Maßnahmen beschleunigenden Vorschriften in eine allgemeine Regelung zu befürworten. Insbesondere die gerichtliche Veranlassung der Registereintragung führt zur Beschleunigung der im Insolvenzplan vorgesehenen Maßnahmen.[492] Das gänzliche Absehen von einer Registereintragung ist wegen einer möglichen Gefährdung des Rechtsver-

---

485 *BMJ*, Diskussionsentwurf KredReorgG, Begründung zu § 20, S. 53.
486 *Schmidt*, in: Kölner Schrift (2. Aufl.), S. 1199, 1212.
487 *Ehlers*, ZInsO 2009, 320, 324.
488 FK-InsO/Jaffé, § 248 Rdnr. 2; vgl. MünchKomm InsO Bd. II/*Sinz*, § 248 Rdnr. 1.
489 *Flessner*, ZRP 1982, 244, 246.
490 Z. B. §§ 245, 251, 253 InsO.
491 Siehe oben S. 62.
492 *BMJ*, Diskussionsentwurf KredReorgG, Begründung zu § 20, S. 52 f.; vgl. *Balz*, S. 69.

kehrs hingegen abzulehnen.[493] Wegen der zusätzlich beschleunigenden Wirkung sollte auch die Ersetzung der Formerfordernisse übernommen werden, sofern eine Aufnahme von gesellschaftsrechtlichen Maßnahmen in den gestaltenden Teil des Insolvenzplans erfolgt.[494] Infolge der gerichtlichen Bestätigung des Plans können die jeweils geltenden Formvorschriften als entbehrlich angesehen werden.[495] Mit § 254 Abs. 1 S. 2 InsO besteht überdies bereits eine insolvenzrechtliche Regelung, welche die Verdrängung von Formvorschriften und damit die Formwirksamkeit vorsieht.[496]

5 Fazit

Ob die Vereinfachung eines DES der Prinz sein kann, der das Insolvenzplanverfahren als das „Kernstück der Insolvenzrechtsreform"[497] wachküsst und aus seinem Dornröschenschlaf befreit[498], kann nur die Praxis zeigen. Sollte die Attraktivität des Insolvenzplanverfahrens als Reorganisationsinstrument von insolventen Rechtsträgern tatsächlich von der Durchführbarkeit eines DES abhängen, käme ihm völlig zu Recht die untergeordnete Rolle zu, die es in der Praxis spielt[499]. Denn de lege lata ist die Durchführung eines DES im Insolvenzplanverfahren mit unterschiedlichen Unwägbarkeiten verbunden, wobei die Obstruktionsmöglichkeit der Alt-Anteilseigner als am gewichtigsten gelten dürfte.

Im U.S.-amerikanischen Reorganisationsverfahren zählt der DES, der auch ohne die Zustimmung der Anteilseigner durchgeführt werden kann, zum Standardrepertoire der Reorganisationsinstrumente. Obgleich das Reorganisationsverfahren in den USA weitaus populärer ist[500], verbietet sich aufgrund von Unterschieden in Struktur und Zielsetzung die direkte Übernahme von Regelungen dieses Verfahrens. Die weitaus bessere Integration der Anteilseigner ist nicht zuletzt wegen des Vorrangs des Bundes-Insolvenzrechts vor den einzelstaatlichen Gesellschaftsrechten möglich, so dass sich die deutsche Problematik der gesellschaftsrechtlichen Abstinenz des Insolvenz-

493 Vgl. *Sassenrath*, ZIP 2003, 1517, 1530.

494 Vgl. auch *Balz*, S. 69.

495 Vgl. *BMJ*, Diskussionsentwurf KredReorgG, Begründung zu § 20, S. 52.

496 Kreft/*Flessner*, § 254 Rdnr. 7; Uhlenbruck/*Lüer*, § 354 Rdnr. 10.

497 *Pawlowski*, DZWIR 2001, 45, 49 m. w. N.

498 In Anlehnung an *Stapper*, ZInsO 2009, 2361.

499 Vgl. *Kranzusch*, IfM Präsentation, Folie 20.

500 Bei jedem vierten eröffneten Insolvenzverfahren handelt es sich um ein Insolvenzplanverfahren, *Stapper*, ZInsO 2009, 2361.

rechts gar nicht stellt. Insbesondere die „absolute priority rule" und die „cram down rule" wurden im weiteren Verlauf der Arbeit aufgegriffen, um die grundsätzliche Entscheidung des deutschen Gesetzgebers, die Anteilseigner nicht gleich den Gläubigern am Insolvenzplanverfahren zu beteiligen, zu hinterfragen.
Die einen DES betreffenden Regelungen des KredReorgG-E sind an sich durchaus in der Lage, die de lege lata bestehenden Probleme zu lösen. Einzelne Regelungselemente sind aber aufgrund des eingeschränkten Anwendungsbereichs des Diskussionsentwurfs bei einem Transfer in eine allgemeine Regelung des Insolvenzplanverfahrens entsprechend zu adaptieren. Bereits die einen DES ermöglichenden Maßnahmen bedürfen der Anpassung. Eine Einziehung von Gesellschaftsanteilen ist in einer allgemeinen Regelung nicht notwendig und auch nicht unbedenklich. Dagegen wurde die Stellung der Anteilseigner im KredReorgG-E für eine allgemeine Regelung aufgegriffen. Die Einbeziehung der Anteilseigner in den Kreis der am Insolvenzplanverfahren Beteiligten gem. § 221 InsO ist unter anderem aufgrund der regelmäßigen Entwertung der Gesellschaftsanteile folgerichtig. Dabei ist die Beachtung eines Fortführungswerts widersprüchlich, solange die Anteilseigner nicht bereit sind, einen Reorganisationsbeitrag in Form einer neuen Kapitalbeteiligung zu leisten. Alleine schon weil in der Insolvenz ein Anteilsrestwert bestehen kann, muss eine differenzierende Regelung vorgesehen werden – gerade auch, um die Attraktivität des Insolvenzplanverfahrens als planvolles Reorganisationsinstrument für Anteilseigner nicht weiter zu mindern. Für die bestmögliche und rechtsformübergreifende Einbeziehung der Anteilseigner in das insolvenzrechtliche Abstimmungsverfahren, ist deren Einbeziehung als eigenständige Gruppe im Erörterungs- und Abstimmungstermin zweckmäßig. Nach der hier vertretenen Auffassung ist dies auch für eine Aktiengesellschaft mit europarechtlichen Anforderungen vereinbar. Abweichend von der Regelung des KredReorgG-E findet eine Anpassung der Zustimmungserfordernisse statt: Auch für Anteilseignergruppen ist die einfache Kopf- und Kapitalmehrheit maßgeblich. Wesentliches Element der entwickelten Regelung ist neben der Beteiligtenstellung der Anteilseigner das auf diese ausgeweitete Obstruktionsverbot, wodurch die maßgebliche zivilrechtliche Haftungsordnung auch im Insolvenzplanverfahren eingehalten werden kann und den Anteilseignern ihre Obstruktionsmöglichkeit genommen wird. Im Idealfall entsteht durch die Einbeziehung der Anteilseigner –

gleich der Wirkung im U.S.-Reorganisationsverfahren – ein Rahmen für die Verhandlungen über den Insolvenzplan, so dass Anteilseigner keinen Anreiz mehr haben, sich ihrer wirtschaftlichen Stellung widersprechend zu verhalten. Die neben den Vermögensrechten bestehenden Verwaltungsrechte bzw. die Mitgliedschaft als subjektives Recht können gewahrt bleiben, indem den Anteilseignern die Möglichkeit eröffnet ist, durch Leistung einer Mindestkapitalbeteiligung in der Gesellschaft zu verbleiben. Damit nicht nur Anteilseignergruppen in ihrer Gesamtheit sondern auch einzelne Anteilseigner vor einer Schlechterstellung im Vergleich zum Regelverfahren geschützt werden, wird ihnen der Minderheitenschutz gem. § 251 InsO eingeräumt, den sie konsequenter Weise im Rahmen von § 253 InsO geltend machen können. Um den Anteilseignern nicht die eine Obstruktionsmöglichkeit zu nehmen und die andere in die Hand zu geben, wurden zwei Möglichkeiten aufgezeigt, wie eine Blockade des Insolvenzplanverfahrens durch Beschwerdeverfahren verhindert werden könnte. Abgesehen von einem zu beachtenden Aktienkurs bei börsennotierten Gesellschaften besteht für eine besondere Regelung zur finanziellen Kompensation der Alt-Anteilseigner kein Bedarf. Die Wirkung eines DES tritt, durch die Aufnahme der notwendigen Maßnahmen in den gestaltenden Teil des Insolvenzplans, mit der Rechtskraft der gerichtlichen Bestätigung ein. Die Abstimmungsschwierigkeiten von Gesellschafts- und Insolvenzrecht entfallen. Die Einleitung der gleichwohl notwendigen Registereintragung von Amts wegen gewährleistet eine zügige Umsetzung.

Die vereinfachte Durchführung eines DES kann somit wesentlich dazu beitragen, dass ein Insolvenzplanverfahren für alle Gläubiger deutlich an Attraktivität gewinnt. Der am DES beteiligte Gläubiger wird als neuer Anteilseigner direkt aus den zukünftigen Überschüssen der fortgeführten Gesellschaft befriedigt und kann den Reorganisationsprozess in seinem Sinn steuern. Nicht am DES beteiligte Gläubiger profitieren ebenfalls, indem sie dank des Einsatzes der umwandlungswilligen Gläubiger – ohne den DES wäre das Insolvenzplanverfahren zur Reorganisation unter Umständen gar nicht möglich gewesen – eine deutlich höhere Quote erhalten[501]. In wirtschaftlich schweren Zeiten darf außerdem der durch ein Insolvenzplanver-

[501] Die durchschnittliche Befriedigungsquote der Gläubiger liegt im Insolvenzplanverfahren bei 20 Prozent, *Kranzusch*, IfM Präsentation, Folie 30.

fahren mögliche Erhalt von Arbeitsplätzen nicht unerwähnt bleiben.[502] Ferner profitiert der Insolvenzrichter aufgrund einer, im Vergleich zum Regelverfahren, deutlich reduzierten Verfahrensdauer.[503] Einzig die Stellung der Anteilseigner erfährt durch die vorgesehene Regelung eine legitime und beabsichtigte Schwächung. Ihnen wäre es nach der vorgesehenen Regelung fortan nicht mehr möglich, sich ihrer wirtschaftlichen Position widersprechend zu verhalten, indem sie sich beispielsweise die Zustimmung zu den für einen DES notwendigen Kapitalmaßnahmen „abkaufen" lassen. Dennoch zählen sie auch weiterhin zu den Profiteuren. Insbesondere weil sie das Insolvenzplanverfahren mit einem vereinfachten DES als planvolles Reorganisationsinstrument nutzen können, um die wirtschaftliche Notlage eines Unternehmens zu beseitigen und so den Restwert ihrer Anteile zu retten.

Neben den vorangegangen diskutierten Regelungen soll noch auf einen bereits angesprochenen[504] aber aufgrund des begrenzten Rahmens der Arbeit nicht weiter vertieften Aspekt hingewiesen werden, der einer Aufarbeitung bedarf. Sind die Anteilseigner einer Gesellschaft nicht bereit, sich an der Reorganisation zu beteiligen, könnte ein Anreiz bestehen, die Insolvenzantragstellung zu verzögern, bis die Zahlungsunfähigkeit oder Überschuldung eintritt und eine Antragspflicht besteht oder der Insolvenzantrag von Gläubigerseite erfolgt, um so einen Verlust der Anteilseignerstellung doch noch zu verhindern. Die Attraktivitätssteigerung des Insolvenzplanverfahrens durch die vereinfachte Vornahme eines DES könnte dann durch eine schlechtere Sanierungsmöglichkeit aufgrund der zeitlich fortgeschrittenen Gesellschaftskrise gemindert werden. Aber auch für sanierungswillige Anteilseigner muss Rechtssicherheit bestehen, wenn das Insolvenzplanverfahren als planvolles Reorganisationsinstrument genutzt werden soll. Genauso wie es den Anteilseignern verboten sein soll ein vielversprechendes Reorganisationskonzept zu blockieren, ist daher auch eine Einschränkung der Gläubigerautonomie in der Form denkbar, dass die Gläubiger bei einer frühzeitigen Antragstellung des Schuldners wegen drohender Zahlungsunfä-

[502] Eine Untersuchung von rund 50 Insolvenzplanverfahren ergab, dass durchschnittlich rund 60 % der betroffenen Arbeitsplätze erhalten werden konnten, *Kranzusch*, ZInsO 2007, 437, 442.

[503] *Gerster*, ZInsO 2008, 437, 442.

[504] Siehe oben S. 31 f.

higkeit, verbunden mit einem aussichtsreichen „prepackaged" Plan, nicht berechtigt wären, die Fortführung des Unternehmens zu verweigern[505].

Auch das bei der Durchführung eines DES bestehende Problem der Differenzhaftung verdient weitere Beachtung. Verschiedene Stimmen im Schrifttum schlagen zur Lösung dieses Problems beispielsweise vor, die Forderungseinlage zum Nennwert zu ermöglichen.[506] Der Schutz der Verkehrskreise könne dabei durch eine entsprechende Offenlegung im Handelsregister gewährleistet werden.[507]

Das in dieser Arbeit vorgeschlagene Regelungskonzept zur Vereinfachung eines DES wird alleine sicherlich nicht in der Lage sein, dem Insolvenzplanverfahren zu einer stärkeren Beachtung in der Praxis zu verhelfen. Weiterer Reformbedarf wird beispielsweise hinsichtlich der gerichtlichen Auswahl des Insolvenzverwalters[508], der Vorschrift des § 258 Abs. 2 InsO[509], der ertragssteuerlichen Behandlung des Sanierungsgewinns[510], der Durchführung eines Insolvenzplanverfahrens auch bei Masseunzulänglichkeit[511], der verfahrensverzögernden Rechtsbehelfe[512] und der mangelnden Erfolgsorientierung des Vergütungssystems der Insolvenzverwalter[513] gesehen. Nicht zuletzt muss auch ein Imagewandel des Insolvenzplanverfahrens erfolgen: weg vom Stigma des unternehmerischen Scheiterns hin zu einer Chance der nachhaltigen Gesellschaftsreorganisation. Es bleibt daher zu hoffen, dass der Gesetzgeber mit dem für den Herbst 2010 angekündigten Gesetzentwurf die zahlreichen Stimmen in Wissenschaft, Literatur und Praxis erhört und vergangene Versäumnisse aufholt.

---

505 Vgl. § 157 S. 1 InsO

506 *Müssigbrodt*, BB 1982, 338, 340 f.; *Pujol*, S. 386.

507 *Müssigbrodt*, BB 1982, 338, 341.

508 *Dierig/Seidlitz*, Welt Online, 3. 2. 2010, o. S.; vgl. *Smid/Rattunde*, Rdnr. 0.20.

509 *Gerster*, ZInsO 2008, 437, 443; *Stapper*, ZInsO 2009, 2361, 2366; *Erster Bundeskongress „Sanierung nach Plan"*, ZInsO 2009, 656.

510 *Gerster*, ZInsO 2008, 437, 444; *Stapper*, ZInsO 2009, 2361, 2366 f.; *Uhlenbruck*, NZI 2008, 201, 205.

511 *Erster Bundeskongress „Sanierung nach Plan"*, ZInsO 2009, 656.

512 *Amend*, ZIP 2009, 589, 595.

513 *Erster Bundeskongress „Sanierung nach Plan"*, ZInsO 2009, 657.

6 Annex

Hinsichtlich einer besseren Implementierung des DES in das Insolvenzplanverfahren vollzogen sich zwischen Fertigstellung und Veröffentlichung der vorliegenden Arbeit wichtige rechtlich-politische Entwicklungen, die in diesem Abschnitt ergänzend zu der eigentlichen Arbeit kurz dargestellt werden.

Entsprechend der Vereinbarung der Regierungskoalition im Koalitionsvertrag[514] kündigte Bundesjustizministerin Sabine Leutheusser-Schnarrenberger auf dem 7. Deutschen Insolvenzrechtstag am 17. März 2010 in Berlin eine dreistufige Reform des deutschen Insolvenzrechts an. Im Rahmen der ersten Reformstufe ist unter anderem eine Reform des Insolvenzplanverfahrens und die Einführung eines Reorganisationsverfahrens für systemrelevante Kreditinstitute geplant.[515]

Im Hinblick auf die Reform des Insolvenzplanverfahrens veröffentlichte das Bundesministerium der Justiz jüngst einen Diskussionsentwurf für ein Gesetz zur weiteren Erleichterung der Sanierung von Unternehmen (ESUG)[516], der weitreichende Änderungen der Insolvenzordnung vorsieht. Viele der in der vorliegenden Arbeit diskutierten Vorschläge für eine Verbesserung der Stellung des DES im Insolvenzplanverfahren wurden in dem Diskussionsentwurf aufgegriffen. Die „gesellschaftsrechtliche Neutralität"[517] der Insolvenzordnung wird im Diskussionsentwurf aufgegeben: Es ist die Möglichkeit vorgesehen, Rechte von Anteilseignern in den gestaltenden Teil des Insolvenzplans aufzunehmen.[518] Dabei findet der DES – entsprechend seiner Bedeutung als Sanierungsinstrument im Insolvenzplanverfahren – ausdrücklich in § 225a Abs. 2 InsO n. F. Erwähnung. Danach soll im gestaltenden Teil des Insolvenzplans die Umwandlung von Forderungen in Anteils- oder Mitgliedschaftsrechte am Schuldner vorgesehen werden können.[519] Im Fall einer Einbeziehung von Anteilseignerrechten sollen die Anteilseigner künftig als

---

[514] Siehe oben S. 1.

[515] Rede der Bundesministerin der Justiz Sabine Leutheusser-Schnarrenberger, MdB beim 7. Deutschen Insolvenzrechtstag der Arbeitsgemeinschaft Insolvenzrecht im Deutschen Anwaltsverein am 17. 3.2010 in Berlin, <http://www.bmj.de/enid/0,f40db86d6f6e7468092d0937093a0979656172092d0932303130093a09706d635f6964092d0936363035/Reden/Sabine_Leutheusser-Schnarrenberger_1mt.html> (Stand: 28.8.2010), o. S.

[516] *BMJ*, Sonderbeil. 1 z. ZIP Heft 28/2010, 1 ff.

[517] Siehe oben S. 5.

[518] *BMJ*, Sonderbeil. 1 z. ZIP Heft 28/2010, 1, 2, 9 ff.

[519] *BMJ*, Sonderbeil. 1 z. ZIP Heft 28/2010, 1, 10.

eigene Gruppe an der Abstimmung über den Insolvenzplan beteiligt sein.[520] Gleichzeitig ist vorgesehen, das Obstruktionsverbot des § 245 InsO auf die Anteilseigner auszuweiten. Ihnen soll so im Insolvenzplanverfahren die viel kritisierte Obstruktionsmöglichkeit genommen werden, vorausgesetzt sie werden angemessen an dem durch den Insolvenzplan realisierten wirtschaftlichen Wert beteiligt.[521] Um verfassungsrechtliche Bedenken hinsichtlich der Eigentumsgarantie des Art. 14 GG auszuräumen, ist eine Ausweitung des Minderheitenschutzes des § 252 InsO auf die Anteilseigner vorgesehen.[522] Da der Diskussionsentwurf jedoch noch nicht mit den anderen Ressorts und Bundesländern abgestimmt ist, bleibt abzuwarten, inwieweit die vorgesehenen Regelungen in einem Referentenentwurf übernommen werden.
Das Vorhaben, im Rahmen der ersten Reformstufe ein Reorganisationsverfahren für systemrelevante Kreditinstitute einzuführen, nimmt mit dem Regierungsentwurf eines Gesetzes zur Restrukturierung und geordneten Abwicklung von Kreditinstituten, zur Erreichung eines Restrukturierungsfonds für Kreditinstitute und zur Verlängerung der Verjährungsfrist der aktienrechtlichen Organhaftung[523] bereits konkretere Formen an. Der Regierungsentwurf enthält in Art. 1 den Entwurf eines Kreditinstitute-Reorganisationsgesetzes (KredReorgG). Dieser ist hinsichtlich der Einbindung eines DES in das vorgesehene Reorganisationsverfahren und der Anteilseignerstellung nahezu identisch mit dem bereits im August 2009 von der damaligen Bundesjustizministerin Brigitte Zypries vorgestellten Diskussionsentwurf eines Kreditinstitute-Reorganisationsgesetzes, der auch die Basis für die Diskussion eines Regelungskonzepts einer Umwandlung von Fremd- in Eigenkapital im Insolvenzplanverfahren in der vorliegenden Arbeit bildete.[524]

---

[520] *BMJ*, Sonderbeil. 1 z. ZIP Heft 28/2010, 1, 2, 10.

[521] *BMJ*, Sonderbeil. 1 z. ZIP Heft 28/2010, 1, 13.

[522] *BMJ*, Sonderbeil. 1 z. ZIP Heft 28/2010, 1, 2, 14.

[523] Kurz: Restrukturierungsgesetz; Erhältlich unter <http://www.bmj.de/files/-/4674/RegE_Restrukturierungsgesetz.pdf> (Stand: 28.08.2010).

[524] Siehe oben S. 20 ff.

Literaturverzeichnis

Achsnick, Jan, Optionsmodelle im Insolvenzplanverfahren, Berlin 2002 (zitiert: *Achsnick*).

Amend, Angelika, Das Finanzmarktstabilisierungsgesetz oder der Bedeutungsverlust des Insolvenzrechts, ZIP 2009, 589-599.

Amerikanische Handelskammer in Deutschland e. V., Chapter 11 – Verfahren als Vorbild für das deutsche Insolvenzrecht?, Frankfurt a. M. 2009, <http://www.amcham.de/fileadmin/user_upload/Policy/Corporate_Law/091116_Final_POP_Insolvenzrecht.pdf>, Stand: 28. August 2010 (zitiert: *Amerikanische Handelskammer*, Chapter 11).

Andres, Dirk/Leithaus, Rolf (Hrsg.), Insolvenzordnung, Kommentar, München 2006 (zitiert: Andres/Leithaus/*Bearbeiter*).

Baltzer, Johannes, Der Beschluss als rechtstechnisches Mittel organschaftlicher Funktion im Privatrecht, Köln, Berlin 1965.

Balz, Manfred, Sanierung von Unternehmen oder von Unternehmensträgern?, Köln 1986 (zitiert: *Balz*).

ders., Aufgaben und Struktur des künftigen einheitlichen Insolvenzverfahrens, ZIP 1988, 273-294.

ders., Die Ziele des Reformentwurfs, in: Kübler, Bruno M. (Hrsg.), Neuordnung des Insolvenzrechts, Köln 1989, S. 1-19 (zitiert: *Balz*, in: Neuordnung).

Baumbach, Adolf/Hueck, Alfred (Hrsg.), Gesetz betreffend die Gesellschaft mit beschränkter Haftung (GmbHG), Kommentar, 19. Aufl., München 2010 (zitiert: Baumbach/Hueck/*Bearbeiter*).

Bayer, Frank L., Insolvenzrechnungslegung, Berlin 2000.

Bitter, Georg/Röder, Sebastian, Insolvenz und Sanierung in Zeiten der Finanz- und Wirtschaftskrise, ZInsO 2009, 1283-1292.

Boos, Karl-Heinz/Fischer, Reinfried/Schulte-Mattler, Hermann (Hrsg.), Kreditwesengesetz, Kommentar, 3. Aufl., München 2008 (zitiert: Boos/Fischer/Schulte-Mattler/*Bearbeiter*).

Braun, Eberhard (Hrsg.), Insolvenzordnung, Kommentar, 3. Aufl., München 2007 (zitiert: Braun/*Bearbeiter*).

Braun, Eberhard, Das Obstruktionsverbot in der Praxis: Ein überzeugender Start?, NZI 1999, 473-478.

ders., Eingriff in die Anteilseignerrechte im Insolvenzverfahren, in: Festschrift für Gero Fischer zum 65. Geburtstag, München 2008, S. 53-70.

Braun, Eberhard/Uhlenbruck, Wilhelm, Unternehmensinsolvenz, Düsseldorf 1997 (zitiert: *Braun/Uhlenbruck*, Unternehmensinsolvenz).

Brüning, Marc, Gesellschafter und Insolvenzplan, Hamburg 2006 (zitiert: *Brüning*).

Bundesministerium der Justiz (Hrsg.), Erster Bericht der Kommission für Insolvenzrecht, Köln 1985 (zitiert: *BMJ*, Erster Bericht der Kommission für Insolvenzrecht).

Bundesministerium der Justiz, Diskussionsentwurf für ein Gesetz zur Einführung eines Reorganisationsplanverfahrens für systemrelevante Kreditinstitute und zur Abwehr von Gefahren für die Stabilität des Finanzsystems, Berlin 2009, <http://www.bmj.bund.de/files/-/3891/DiskE%20KredReorgG.pdf>, Stand: 28. August 2010 (zitiert: *BMJ*, Diskussionsentwurf KredReorgG).

Bundesministerium der Justiz, Diskussionsentwurf für ein Gesetz zur weiteren Erleichterung der Sanierung von Unternehmen, ZIP 2010, Sonderbeilage 1 zu Heft 28, 1-22.

Buth, Andrea K./Hermanns, Michael (Hrsg.), Restrukturierung, Sanierung, Insolvenz, 3. Aufl., München 2008 (zitiert: Buth/Hermanns/*Bearbeiter*).

Deutscher Bundestag, Beschlussempfehlung und Bericht des Rechtsausschusses (6. Ausschuss) zu dem Gesetzentwurf der Bundesregierung Drucksache 12/2443, BT-Drucks. 12/7302, Bonn 1994 (zitiert: Beschlussempfehlung, BT-Drucks. 12/7302).

ders., Entwurf eines Gesetzes zur Umsetzung der Aktionärsrechterichtlinie (ARUG), BT-Drucks. 16/11642, Berlin 2009 (zitiert: Regierungsentwurf ARUG, BT-Drucks. 12/2443).

ders., Regierungsentwurf einer Insolvenzordnung, BT-Drucks. 12/2443, Bonn 1992 (zitiert: Regierungsentwurf InsO, BT-Drucks. 12/2443).

Deutscher Industrie- und Handelskammertag, Zehn Vorschläge zur Unternehmenssanierung in der Insolvenz, Positionspapier, Berlin 2009, <http://www.dihk.de/inhalt/download/position_insolvenzplanverfahren.pdf>, Stand: 28. August 2010 (zitiert: *DIHK*, Positionspapier).

Dierig, Carsten/Seidlitz, Frank, Pleitewelle: Experten fordern Reform des Insolvenzrechts, Welt Online, 3. Februar 2010, <http://www.welt.de/die-welt/wirtschaft/article6234178/Pleitewelle-Experten-fordern-Reform-des-Insolvenzrechts.html>, Stand: 28. August 2010.

Drouven, Ralph, Neue Wege: „Reverse Debt-to-Equity-Swap“, ZIP 2009, 1052-1053.

Drukarczyk, Jochen, Insolvenzplan und Obstruktionsverbot, Regensburger Diskussionsbeiträge zur Wirtschaftswissenschaft, Nr. 315, Regensburg 1998.

Ehlers, Harald, Noch eine Reform - § 224 Abs. 2 - 5 InsO, ZInsO 2009, 320-325.

Eidenmüller, Horst, Unternehmenssanierung zwischen Markt und Gesetz, Köln 1999 (zitiert: *Eidenmüller*, Unternehmenssanierung).

ders., Gesellschafterstellung und Insolvenzplan, ZGR 2001, 680-711.

ders., Leveraged Buyouts und die Effizienz des deutschen Restrukturierungsrechts, ZIP 2007, 1729-1737.

Eidenmüller, Horst/Engert, Andreas, Reformperspektiven einer Umwandlung von Fremd- in Eigenkapital (Debt-Equity Swap) im Insolvenzplanverfahren, ZIP 2009, 541-554.

Eilers, Stephan, Der Debt Equity Swap – Eine Sanierungsmaßnahme für unternehmerische Krisensituationen, GWR 2009, 3-4.

Ekkenga, Jens, Sachkapitalerhöhung gegen Schuldbefreiung, ZGR 2009, 581-622.

Elsing, Siegfried H./Van Alstine, Michael P., US-amerikanisches Handels- und Wirtschaftsrecht, 2. Aufl., Heidelberg 1999.

Erster Bundeskongress „Sanierung nach Plan", Entschließung – 1. Bundeskongress „Sanierung nach Plan" (Bonn, 19. 3. 2009), ZInsO 2009, 656-657.

Fassbach, Burkhard, Die *cram down power* des amerikanischen Konkursgerichts im Reorganisationsverfahren nach Chapter 11 des Bankruptcy Code, Frankfurt a. M. 1997 (zitiert: *Fassbach*).

Flessner, Axel, Sanierung und Reorganisation, Tübingen 1982 (zitiert: *Flessner*, Sanierung).

ders., Sanierung von Unternehmen, ZRP 1982, 244-249.

Frankfurter Kommentar zur Insolvenzordnung, hrsg. v. *Wimmers, Klaus/Ahrens, Martin*, Köln 2009 (zitiert: FK-InsO/*Bearbeiter*).

Frege, Michael C./Keller, Ulrich/Riedel, Ernst, Handbuch der Rechtspraxis, Insolvenzrecht, Bd. 3, 7. Aufl., München 2008 (zitiert: *Frege/Keller/Riedel*).

Friedl, Markus J./Natusch, Ingo, Debt-Buy-Backs – Analyse und Gestaltungsmöglichkeiten, Finanz-Betrieb 2009, 227-231.

Fritze, Marc, Sanierung von Groß- und Konzernunternehmen durch Insolvenzpläne, DZWIR 2007, 89-93.

Fröhlich, Andreas/Sittel, Thomas C., Game over? Auswirkungen der Finanzmarktkrise auf die übertragende Sanierung, ZInsO 2009, 858-862.

Gebler, Olaf, Insolvenzordnung führt zur Vernichtung von Werten, Börsen-Zeitung Nr. 222, 18. November 2009, S. 2.

Gerster, Erwin, Insolvenzplan, „das unbekannte Wesen" oder „der Maßanzug des Insolvenzrechts"?, ZInsO 2008, 437-445.

Gottwald, Peter (Hrsg.), Insolvenzrechtshandbuch, 3. Aufl., München 2006 (zitiert: Insolvenzrechtshandbuch/*Bearbeiter*).

Graeber, Thorsten, Auswahl und Bestellung des Insolvenzverwalters, DZWIR 2005, 177-189.

Gravenbrucher Kreis, Stellungnahme zu den Reformvorschlägen der Kommission für Insolvenzrecht, hrsg. v. Grub, Volker/Kübler, Bruno M./Wellensiek, Jobst, BB 1986, Sonderbeilage 15 zu Heft 29, 1-17.

ders., Stellungnahme zum Diskussionsentwurf eines Insolvenzrechtsreformgesetzes, ZIP 1989, 468-475.

Großkommentar zum Aktiengesetz, hrsg. v. *Hopt, Klaus J./Wiedemann, Herbert*,

Bd. I – §§ 1-53, 4. Aufl., Berlin 2004 (zitiert: Großkomm AktG Bd. I/*Bearbeiter*),

Bd. VII – §§ 179-290, 3. Aufl., Berlin, New York 1973 (zitiert: Großkomm AktG Bd. VI/*Bearbeiter*).

Habersack, Matthias, Die Mitgliedschaft – subjektives und „sonstiges" Recht, Tübingen 1996.

Häsemeyer, Ludwig, Obstruktion gegen Sanierungen und gesellschaftsrechtliche Treuepflichten, ZHR 1996, 110-132.

Herrler, Sebastian/Reymann, Christoph, Die Neuerungen im Aktienrecht durch das ARUG (Teil 1), DNotZ 2009, 815-826.

Herweg, Christian, Das Obstruktionsverbot bei der Unternehmenssanierung, Köln 2004 (zitiert: *Herweg*).

Herzig, Dirk, Das Insolvenzplanverfahren, Frankfurt a. M. 2001 (zitiert: *Herzig*).

Hirte, Heribert, Bezugsrechtsausschluss und Konzernbildung, Köln u. a. 1986.

Hommel, Ulrich/Knecht, Thomas C./Wohlenberg, Holger (Hrsg.), Handbuch Unternehmensrestrukturierung, Wiesbaden 2006 (zitiert: *Bearbeiter*, in: Handbuch Unternehmensrestrukturierung).

Hüffer, Uwe (Hrsg.), Aktiengesetz, Kommentar, München 2008 (zitiert: *Hüffer*).

Jaffé, Michael, Insolvenzplan versus außergerichtliche Sanierung, in: Arbeitskreis für Insolvenzwesen Köln e. V. (Hrsg.), Kölner Schrift zur Insolvenzordnung, 3. Aufl., Münster 2009, S. 743-766 (zitiert: *Jaffé*, in: Kölner Schrift (3. Aufl.)).

Jaffé, Michael/Friedrich, Andreas, Verbesserung der Wettbewerbsfähigkeit des Insolvenzstandorts Deutschland, ZIP 2008, 1849-1858.

Kautz, Oliver A., Die gesellschaftsrechtliche Neuordnung der GmbH im künftigen Insolvenzrecht, Frankfurt a. M. 1995.

Kautzsch, Christof, Unternehmenssanierung im Insolvenzverfahren, Lohmar 2001.

Kemper, Martin, Die U.S.-amerikanischen Erfahrungen mit „Chapter 11", Frankfurt am Main 1996 (zitiert: *Kemper*).

Kestler, Matthias/Striegel, Andreas/Jesch, Thomas A., Distressed Debt Investments, Köln 2006.

dies., Distressed Debt Investments – Insolvenzrechtliche Instrumentarien der Unternehmenssanierung über Fremdkapital, NZI 2005, 417-424.

Kilger, Joachim, Grundzüge eines Reorganisationsverfahrens, ZIP 1982, 779-787.

ders., Die Reorganisation insolventer Gesellschaften, ZRP 1984, 46-52.

Kluth, Thomas, Die „wertlosen Geschäftsanteile" – Der Stein des Anstoßes im Sanierungs-Insolvenzplan, ZInsO 2002, 258-264.

Kolhoff, Werner, Brüderle will Gründern zweite Chance geben, Mainpost.de, <http://www.mainpost.de/nachrichten/wirtschaft/mainpostwirtschaft/Bruederle-will-Gruendern-zweite-Chance-geben;art9485,5444010#ted4812488>, Stand: 28. August 2010.

Kranzusch, Peter, Sanierungen insolventer Unternehmen mittels Insolvenzplanverfahren, ZInsO 2007, 804-807.

ders., Haben wir eine Sanierungskultur in Deutschland?, Institut für Mittelstandsforschung, Präsentation anlässlich der Fachtagung der Beratungsstellenleiter der HWKn, Bonn 2008, <http://www.ifm-bonn.org/assets/documents/Kranzusch-24-06-2008.pdf>, Stand: 28. 8. 2010 (zitiert: *Kranzusch*, IfM).

Kreft, Uwe (Hrsg.), Insolvenzordnung, Kommentar, 5. Aufl., München u. a. 2008 (zitiert: Kreft/*Bearbeiter*)

Krieger, Gerd, Beschlußkontrolle bei Kapitalherabsetzungen, ZGR 2000, 885-907.

Kübler, Bruno M./Prütting, Hanns/Bork, Reinhard (Hrsg.), Insolvenzordnung, Kommentar, Loseblattsammlung, Köln 2009 (zitiert: KPB/*Bearbeiter*).

LoPucki, Lynn M./Whitford, William C., Bargaining over Equity's Share in the Bankruptcy Reorganization of Large, Publicly Held Companies, University of Pennsylvania Law Review 139 (1990), 125-196.

dies., Preemptive Cram Down, American Bankruptcy Law Journal 65 (1991), 625-647.

Lutter, Marcus, Theorie der Mitgliedschaft, AcP 180 (1980), 84-159.

ders., Das Girmes-Urteil, JZ 1995, 1053-1056.

Lutter, Marcus/Hommelhoff, Peter/Timm, Wolfram, Finanzierungsmaßnahmen zur Krisenabwehr in der Aktiengesellschaft, BB 1980, 737-750.

Maesch, Scott, Corporate Governance in der insolventen Aktiengesellschaft, Baden-Baden 2005 (zitiert: *Maesch*).

Maus, Karl H., Der Insolvenzplan, in: Arbeitskreis für Insolvenzwesen Köln e. V. (Hrsg.), Kölner Schrift zur Insolvenzordnung, 2. Aufl., Münster 2000, S. 931-965 (zitiert: *Maus*, in: Kölner Schrift (2. Aufl.)).

Metzger, Susanne/Hennes, Markus, Firmensterben nimmt 2010 zu, Handelsblatt, 4. Februar 2010, < http://www.handelsblatt.com/unternehmen/industrie/trotz-sanierungsverfahren-firmensterben-nimmt-2010-zu;2524168>, Stand: 28. August 2010.

Morzfeld, Kurt/Schultz, Florian/Streit, Georg, Maßnahmen zur Restrukturierung der Passivseite, DB 2009, Sonderbeilage zu Heft 3, 94-98.

Müller, Hans-Friedrich, Der Verband in der Insolvenz, Köln u. a. 2002 (zitiert: *Müller*).

Münchener Kommentar zum Aktiengesetz, hrsg. v. *Kropf, Bruno/Semler, Johannes*,

Bd. I – §§ 1-75, München 2008 (zitiert: MünchKomm AktG Bd. I/*Bearbeiter*),

Bd. II – §§ 76-117, München 2008 (zitiert: MünchKomm AktG Bd. II/*Bearbeiter*),

Bd. VI – §§ 179-221, München 2005 (zitiert: MünchKomm AktG Bd. VI/*Bearbeiter*),

Bd. VII – §§ 222-277, München 2001 (zitiert: MünchKomm AktG Bd. VII/*Bearbeiter*).

Münchener Kommentar zur Insolvenzordnung, hrsg. v. *Kirchhof, Hans-Peter/Lwowski, Hans-Jürgen/Stürner, Rolf*,

Bd. I – §§ 1-102, München 2007 (zitiert: MünchKomm InsO Bd. I/*Bearbeiter*),

Bd. II – §§ 103-269, München 2008 (zitiert: MünchKomm InsO Bd. II/*Bearbeiter*).

Müssigbrodt, Frank, Haftungsbefreiende Nennwertaufrechnung und Gläubigerschutz bei Sanierungsgründungen von Kommanditgesellschaften, BB 1982, 338-341.

Nerlich, Jörg/Römermann, Volker (Hrsg.), Insolvenzordnung, Kommentar, Loseblattsammlung, Stand: März 2009, München 2009 (zitiert: Nerlich/Römermann/*Bearbeiter*).

Noack, Ulrich, Reorganisation der Schuldnergesellschaft nach neuem Insolvenzrecht, in: Festschrift für Wolfgang Zöllner zum 70. Geburtstag, Köln u. a. 1998, S. 411 - 428.

ders., Gesellschaftsrecht, *Kübler, Bruno M./Prütting, Hanns* (Hrsg.), Insolvenzordnung, Kommentar, Sonderband 1, Köln 1999 (zitiert: *Noack*, Gesellschaftsrecht).

ders., Unternehmensinsolvenz: Reorganisation des Rechtsträgers oder Vertragsnachfolge bei übertragender Sanierung, in: Festschrift für Volker Röhricht zum 65. Geburtstag – Gesellschaftsrecht, Rechnungslegung, Sportrecht, Köln 2005, S. 455-466.

o. V., Beck'sches Steuer- und Bilanzrechtslexikon, Edition 4, München 2009 (zitiert: Beck'sches Steuer- und Bilanzrechtslexikon/*Bearbeiter*, Stichwort).

o. V., Koalitionsvertrag zwischen CDU, CSU und FDP, 17. Legislaturperiode, <http://www.cdu.de/doc/pdfc/091026-koalitionsvertrag-cducsu-fdp.pdf>, Stand: 28. August 2010 (zitiert: Koalitionsvertrag).

Patzschke, Reinhard, Reorganisation der Kapitalgesellschaften im Insolvenzverfahren, Hamburg 2000 (zitiert: *Patzschke*).

Pawlowski, Hans-Martin, Zur Auslegung der Insolvenzordnung, DZWIR 2001, 45-56.

Priester, Hans-Joachim, „Squeeze out" durch Herabsetzung des Stammkapitals auf Null?, DNotZ 2003, 592-602.

Pujol, Michael, Die Sanierung der Schuldnergesellschaft vor dem Hintergrund der gesellschaftsrechtlichen Neutralität des Insolvenzrechts nach deutschem und französischem Recht, München 2007 (zitiert: *Pujol*).

Rattunde, Rolf, Sanierung von Großunternehmen durch Insolvenzpläne – Der Fall Herlitz, ZIP 2003, 596-600.

ders., Sanierung durch Insolvenz, ZIP 2003, 2103-2110.

Redeker, Rouven, Kontrollerwerb an Krisengesellschaften: Chancen und Risiken des Debt-Equity-Swap, BB 2007, 673-680.

Reger, Gerald/Stenzel, Igor, Der Kapitalschnitt auf Null zur Sanierung von Unternehmen – Gesellschaftsrechtliche, börsenzulassungsrechtliche und kapitalmarktrechtliche Konsequenzen, NZG 2009, 1210-1214.

Richter, Tomáš, Reconciling the European Registered Capital Regime with a Modern Corporate Reorganization Law: Experience from the Czech Insolvency Law Reform, ECFR 2009, 358-369.

Riesenfeld, Stefan, Das amerikanische Sanierungsverfahren, KTS 1983, 85-101.

Roth, Günther/Altmeppen, Holger (Hrsg.), Gesetz betreffend die Gesellschaft mit beschränkter Haftung (GmbH), Kommentar, München 2009 (zitiert: Roth/Altmeppen).

Rowedder, Gesetz betreffend die Gesellschaften mit beschränkter Haftung, Kommentar, hrsg. v. *Schmidt-Leithoff, Christian*, 4. Aufl., München 2002 (zitiert: Rowedder/*Bearbeiter*).

Sassenrath, Gerd, Der Eingriff in Anteilseignerrechte durch den Insolvenzplan, ZIP 2003, 1517-1530.

Scheunemann, Marc P./Hoffmann, Guido, Debt-Equity-Swap, DB 2009, 983-986.

Schmidt, Karsten, Die sanierende Kapitalerhöhung im Recht der Aktiengesellschaft, GmbH und Personengesellschaft, ZGR 1982, 519-538.

ders., Möglichkeiten der Sanierung von Unternehmen durch Maßnahmen im Unternehmens-, Sozial- und Insolvenzrecht, Unternehmens- und insolvenzrechtlicher Teil, Gutachten für den 54. Deutschen Juristentag, in: Ständige Deputation des Deutschen Juristentages (Hrsg.), Verhandlungen des vierundfünfzigsten deutschen Juristentages, Band I (Gutachten), Teil D, Nürnberg 1982, S. D 3-D 135 (zitiert: *Schmidt*, Gutachten 54. DJT).

ders., Wege zum Insolvenzrecht der Unternehmen, Köln 1990.

ders., Insolvenzordnung und Unternehmensrecht – Was bringt die Reform?, in: Arbeitskreis für Insolvenzwesen Köln e. V. (Hrsg.), Kölner Schrift zur Insolvenzordnung, 2. Aufl., Münster 2000, 1199-1217 (zitiert: *Schmidt*, in: Kölner Schrift (2. Aufl.)).

ders., Gesellschaftsrecht, 4. Aufl., Köln u. a. 2002.

Schmidt, Mario/Schlitt, Michael, Debt Equity Swap – Eine attraktive Form der Restrukturierung?, Der Konzern 2009, 279-290.

v. Schorlemer, Benedikt/Stupp, Matthias, Kapitalerhöhung zu Sanierungszwecken – zur Reichweite der Zustimmungspflicht des Minderheitsgesellschafters mit Sperrminorität, NZI 2003, 345-354.

Schulz, Dirk, Treuepflichten unter Insolvenzgläubigern, Köln 2003 (zitiert: *Schulz*, Treuepflichten).

Schwalme, Sebastian, Die Stellung des Anteilseigners in der Unternehmensinsolvenz, DZWIR 2004, 230-233.

Smid, Stefan/Rattunde, Rolf, Der Insolvenzplan, 2. Aufl., Stuttgart 2005 (zitiert: *Smid/Rattunde*).

Stapper, Florian, Die Praxis der Arbeit mit Insolvenzplänen oder die Insuffizienz des Insolvenzplans: Diagnose und Therapie, ZInsO 2009, 2361-2367.

v. Sydow, Christian/Beyer, Oliver, Erwerb von notleidenden Krediten und anschließende Kapitalerhöhung mit Sacheinlage, AG 2005, 635-644.

Toth-Feher, Geza M./Schick, Olaf, Distressed Opportunities – Rechtliche Probleme beim Erwerb notleidender Forderungen von Banken, ZIP 2004, 491-496.

Uhlenbruck, Wilhelm (Hrsg.), Insolvenzordnung, Kommentar, 12. Aufl., München 2002 (zitiert: Uhlenbruck/*Bearbeiter*).

Uhlenbruck, Wilhelm, Sanierung und Reorganisation als drittes Insolvenzverfahren in einem künftigen Recht?, KTS 1981, 513-575.

ders., Zur Kollision von Gesellschafts- und Insolvenzrecht in der Unternehmensinsolvenz, in: Insolvenzrecht im Wandel der Zeit – Festschrift für Hans-Peter Kirchhof zum 65. Geburtstag, Recklinghausen 2003, S. 479-506.

ders., Von der Notwendigkeit eines eigenständigen Sanierungsgesetzes, NZI 2008, 201-206.

Ulmer, Peter, Die gesellschaftsrechtlichen Regelungsvorschläge der Kommission für Insolvenzrecht, ZHR 149 (1985), 541-574.

ders., Die gesellschaftsrechtlichen Aspekte der neuen Insolvenzordnung, in: Kübler, Bruno M. (Hrsg.), Neuordnung des Insolvenzrechts, Köln 1989 (zitiert: *Ulmer*, in: Neuordnung).

Vallender, Heinz, Das rechtliche Gehör im Insolvenzverfahren, in: Arbeitskreis für Insolvenzwesen Köln e. V. (Hrsg.), Kölner Schrift zur Insolvenzordnung, 3. Aufl., Münster 2009, S. 115-157 (zitiert: *Vallender*, in: Kölner Schrift (3. Aufl.)).

Vallender, Heinz, Gefahren für den Insolvenzstandort Deutschland, NZI 2007, 129-137.

Wagner, Klaus-R., Notleidende geschlossene Fonds: Sanieren oder Ausscheiden, NZG 2009, 1378-1381.

Wentzler, Jochen, Debt Equity Swap als Teil der finanziellen Unternehmenssanierung, Finanz-Betrieb 2009, 446-452.

Westphal, Lars/Janjuah, Riaz K., Zur Modernisierung des deutschen Sanierungsrechts, ZIP 2008, Sonderbeilage Heft 3, 1-28.

Wiedemann, Herbert, Gesellschaftsrecht, Bd. I, München 1980.

Winnefeld, Robert, Bilanz-Handbuch, 4. Aufl., München 2006 (zitiert: *Winnefeld*, Bilanz-HB)

Wittig, Arne, Obstruktionsverbot und Cram Down, ZInsO 1999, 373-379.

Zirener, Jörg, Sanierung in der Insolvenz, Wiesbaden 2005.

Zweite Richtlinie 77/91/EWG des Rates v. 13. Dezember 1976 zur Koordinierung der Schutzbestimmungen, die in den Mitgliedstaaten den Gesellschaften im Sinne des Artikels 58 Absatz 2 des Vertrages im Interesse der Gesellschafter sowie Dritter für die Gründung der Aktiengesellschaft sowie für die Erhaltung und Änderung ihres Kapitals vorgeschrieben sind, um diese Bestimmungen gleichwertig zu gestalten, Amtsblatt Nr. L 026 v. 31. Januar 1977, S. 1-13.